JN013246

算数・数学で何ができるの？

算数と数学の基本がわかる図鑑

東京書籍

DK
Penguin
Random
House

Original Title: What's the Point of Maths?

Printed and bound in China

翻訳協力　株式会社トランネット
www.trannet.co.jp
DTP　株式会社リリーフ・システムズ
装幀　東京書籍AD
編集　大原麻美、山本浩史、中川隆子（東京書籍）

算数・数学で何ができるの？

算数・数学の基本がわかる図鑑

2021年 1月18日　第1刷発行

編　者　ＤＫ社
監訳者　松野陽一郎
訳　者　上原昌子
発行者　千石雅仁
発行所　東京書籍株式会社
〒114-8524 東京都北区堀船2-17-1
電話　03-5390-7531（営業）
03-5390-7508（編集）

ISBN978-4-487-81405-3 C0041

Printed (Jacket) in Japan.
出版情報　https://www.tokyo-shoseki.co.jp

For the curious
www.dk.com

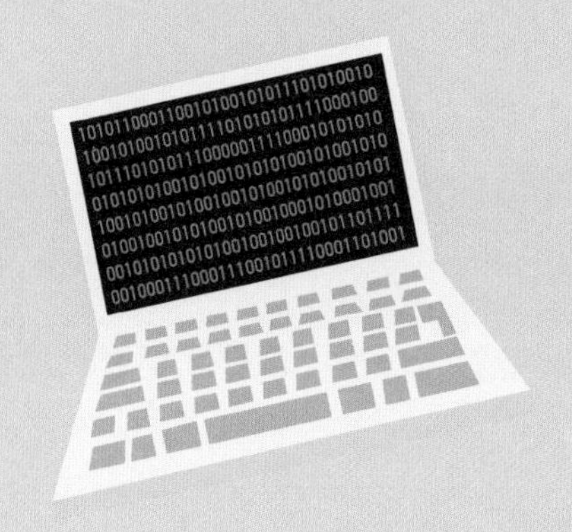

算数・数学で何ができるの？

算数と数学の基本がわかる図鑑

もくじ

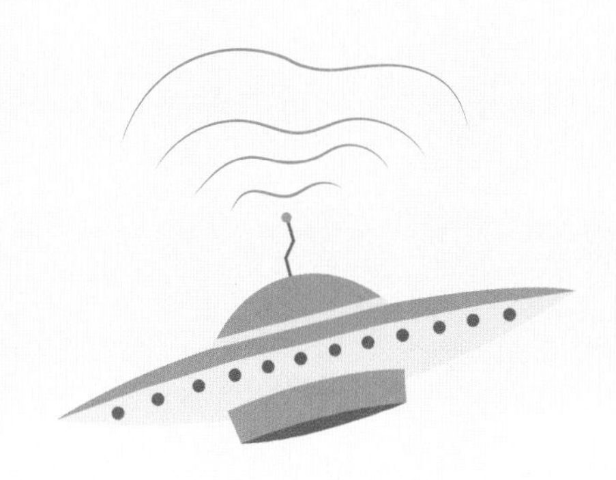

この本に出てくる年号は、西暦（せいれき）で書かれている。西暦というのは、キリスト教でイエス・キリストが誕生したと信じられている年の翌年（紀元）を1年として数えた年数なんだ。それより前に起こったできごとは、紀元から何年前に起こったかを「紀元前〜年」と表している。あるできごとが起こった正確な年がわからない場合は、おおよその年号のあとに「〜ころ」とつけてあるよ。

算数・数学ってなんのためにあるの？

きみたちが勉強している算数は、数学という学問の一部なんだ。これには何千年も前から続く、おもしろい物語がある。数学について調べれば、人類の長い歴史を通じて、さまざまなアイデアがどのように進化したのか、よくわかるんだ。古代から現在まで、ここにあげたような人類の活動の驚（おどろ）くような進歩と発展は、算数をふくめた数学全体の技能と専門的な知識のおかげといってもいいんだよ。

時間を知ること

夜空の月をながめて日数を数えた古代人の知恵から、1秒よりもはるかに短い時間もピタリと合わせる、とてつもなく正確な現代の原子時計まで、毎時間、毎秒、数学はいつだって身近にある。

道案内をすること

地図に印をつけることから、現代のGPSシステムが使っている、高度な三角測量の技術まで、数学はいつの時代も人間の道案内を手伝ってきたんだ。

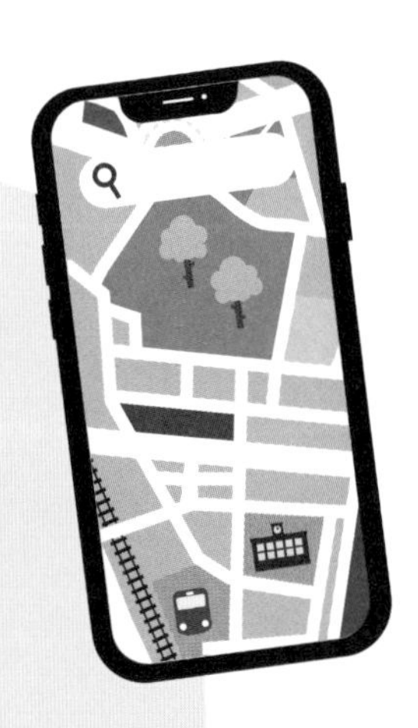

農作物を育てること

果物の食べごろの時期を予測しようとした古代人の試みから、農家の人たちが土地を最大限に活用できるようにする、現代の数学的な解析（かいせき）まで、数学は一年中人々の食べものの供給がうまくいくようにあと押ししている。

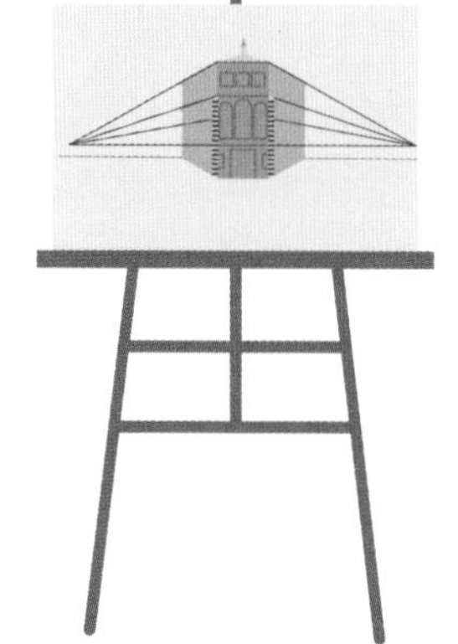

芸術を生み出すこと

完ぺきにバランスのとれた絵画や、対称性のある美しい建物はどうやってつくると思う？　古代ギリシア人の考えた黄金比や、絵に遠近感をもたせるのに必要なうまい計算のように、その答えは数学にあるんだ。

作曲をすること

数学と音楽は世界がちがうって思っているかもしれない。でも、数学なしに拍子（ひょうし）を数えたり、リズムをつくったりすることはできないよ。別々の音符（おんぷ）を同時に鳴らして調和をつくり出すとき、耳に心地よい音といやな音を理解するのにも、数学が一役買っているんだ。

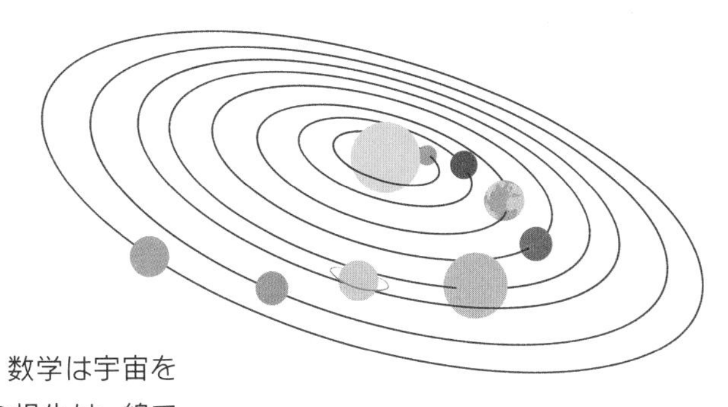

宇宙を理解すること

人類が最初に夜空を見上げて以来、数学は宇宙を理解するのに役立ってきた。人間の祖先は、線で数を記録して月の満ち欠けを追い、ルネサンス時代の科学者は、惑星の軌道を研究した。数学は、宇宙の秘密を解き明かすかぎなんだ。

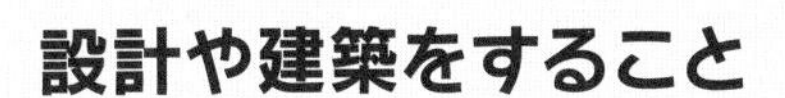

設計や建築をすること

絶対にたおれない建物は、どうやってつくる？　使いやすいのにかっこいいものって、いったいどうやって考え出すと思う？　数学は、設計士や建設業者やエンジニアの人たちが、数あるアイデアの中から一番合うものを選ぶための土台になっているよ。

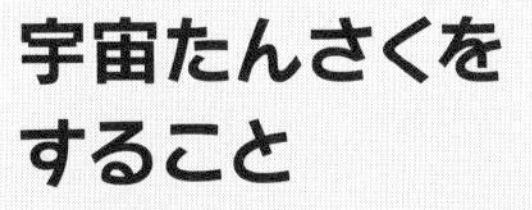

宇宙たんさくをすること

人間やロボットや人工衛星を宇宙に送ることは、当てずっぽうではできない。月やその先の宇宙まで安全に移動できるように、天体の軌道とロケットの軌道を正確に計算するため、ロケット科学者には数学が必要なんだ。

命を救うこと

数学は、まさしく「命の恩人」だ。新しい薬の試験も、複雑な手術も、危険な病気の研究も、とてつもない量の数学的な解析がなかったら、医師や看護師や科学者たちは人の命を救うことができないんだ。

お金をもうけること

何千年も前の人たちが財産を数えた方法から、国際的なビジネスや貿易についての説明や管理や予測をおこなう、最新の数理モデルまで、経済に関する数学がなかったら、今のような世界にはならなかっただろう。

コンピュータを使うこと

世界で初めてコンピュータのプログラムをつくったのは、エイダ・ラブレスという女の人。そのときは、自分が考え出した数学がどんなふうに世界を変えていくか、想像もできなかっただろうね。今では、テレビやスマートフォンやコンピュータが数百万もの計算をして、高速インターネット回線でギガバイト級（とんでもない量ってこと！）のデータをあっという間に送れるようにしているんだ。

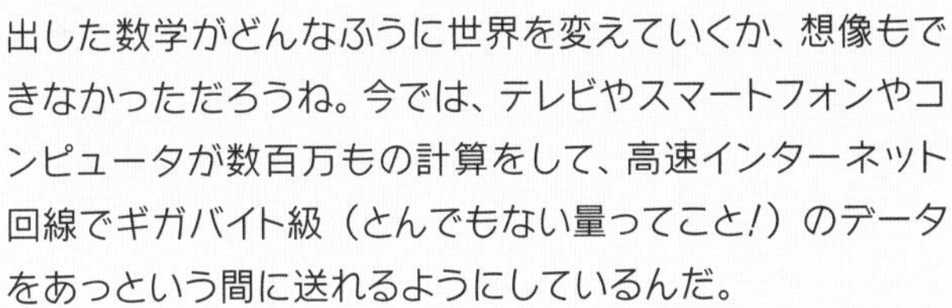

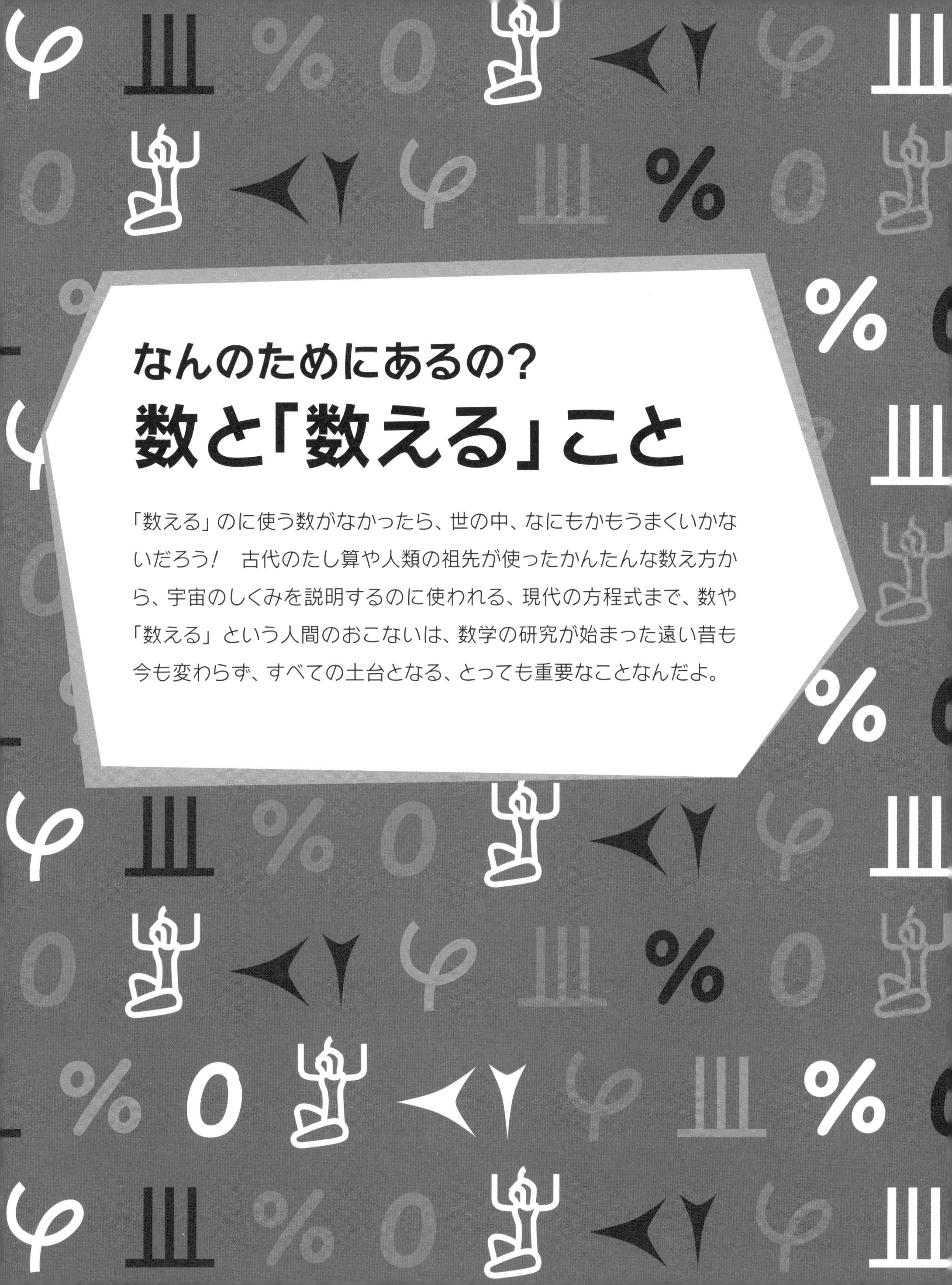

なんのためにあるの？

数と「数える」こと

「数える」のに使う数がなかったら、世の中、なにもかもうまくいかないだろう！　古代のたし算や人類の祖先が使ったかんたんな数え方から、宇宙のしくみを説明するのに使われる、現代の方程式まで、数や「数える」という人間のおこないは、数学の研究が始まった遠い昔も今も変わらず、すべての土台となる、とっても重要なことなんだよ。

時間の流れはどうやって計ったの？

「数える」って、人類はいつから始めたと思う？　少なくとも３万5000年前、アフリカにすんでいた初期の人類までさかのぼるんだ。歴史を研究する人たちは、人間の祖先が線を書いて月の満ち欠けを記録し、過ぎた日数を数えていたと考えている。これは食べるために狩りや実を集めることで生きていた人たちにとって、とっても重要だった。おかげで、いつごろどのように動物の群れが動くのか、決まった種類の果実がいつ食べごろになるのか、予測できるようになったんだ。

周期の中ごろには、夜空に大きくかがやく満月になる。

満ち欠けの周期の初め、月は糸のように細い。

1 初期の人類は、月の形の変化に周期がある（一まわりして、もとの形にもどる）ことを見つけた。

2 そして、月が変化する日数を数え続ければ、いつまた同じ形になるのか、予測できると気づいたんだ。

満月のときには、
より長い線を引いたよ。

3 初期の人類は、現在は「タリー」とよんでいる図形を描いて、日数を記録した。それは、線を書いて数や量を記録する「画線法」の一番かんたんな方法だよ。月の満ち欠けに合わせて毎日１本の線を書きたすだけ。でも、これが世界で初めての暦の役目をはたすものになったんだ。

タリーで数える方法

タリーは、画線法（線を書いてものを数える方法）の一つだ（今でも欧米で使われているよ）。初期のタリーは、ものの数だけ直線をならべて書いていた。でも、これだと特に大きな数の場合、読むのがすごく大変なんだ。考えてみて──もし、記録した数が100なら、書かれた数を知るのに100本の線を一つ一つ数えなくてはならないよ！　そこで、もっとかんたんに読み取れるように、線を５本ずつまとめることにしたんだ。

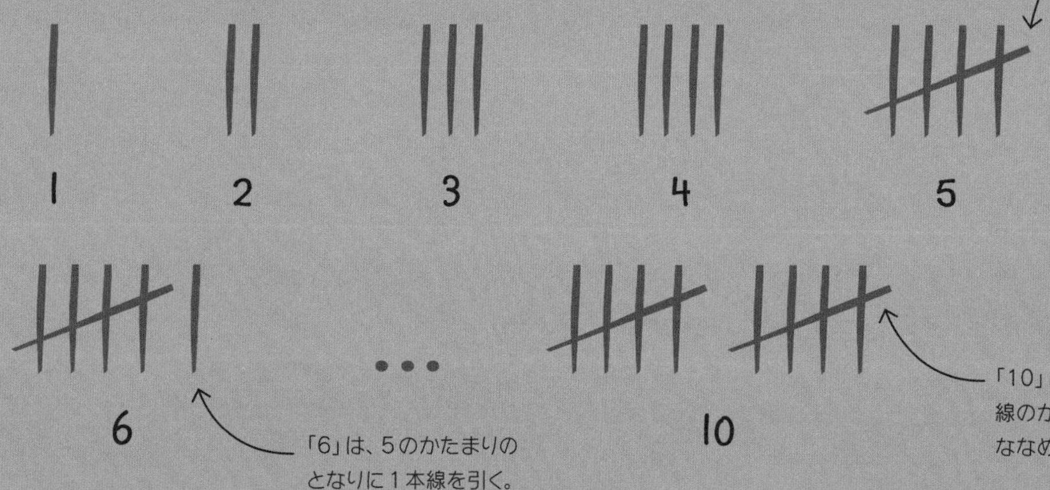
1
2
3
4
5
6
…
10

「5」は、4本の線のかたまりを横切る、ななめの線を引く。

「6」は、5のかたまりのとなりに１本線を引く。

「10」は、2つ目の4本の線のかたまりを横切る、ななめの線を引く。

点と線で数える方法

その後、さまざまなタイプの画線法が考え出された。たとえば、10ずつ数えるものもあるよ。１から４までは点を書き、次に点と点の間を結ぶ線を入れていくと、点と線を合わせて10のかたまりができる。これは四角形の４つの頂点と４つの辺、頂点を通る２本の対角線で表される形だよ。

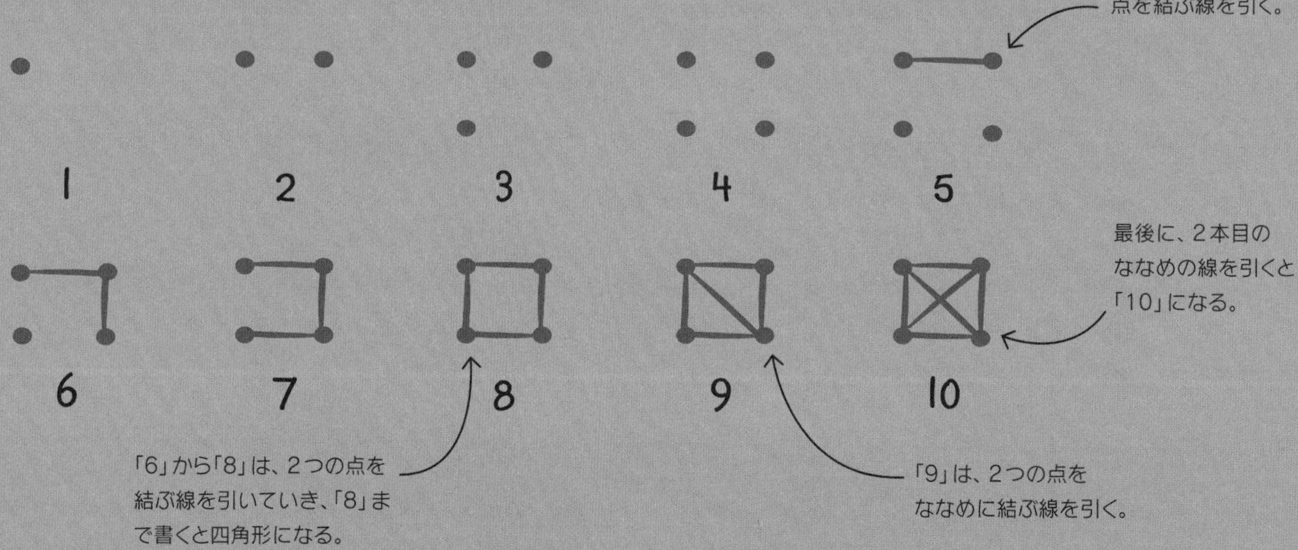
1
2
3
4
5
6
7
8
9
10

「5」は、上の2つの点を結ぶ線を引く。

最後に、２本目のななめの線を引くと「10」になる。

「6」から「8」は、2つの点を結ぶ線を引いていき、「8」まで書くと四角形になる。

「9」は、2つの点をななめに結ぶ線を引く。

「正」の字を書いて数える方法

中国でも、別の画線法が考え出された。5のかたまりをつくるのに、「正」という漢字を使ったんだ。これは上下に長い横線があるので、5のかたまりがわかりやすい（日本ではこれを使うことが多いよ）。

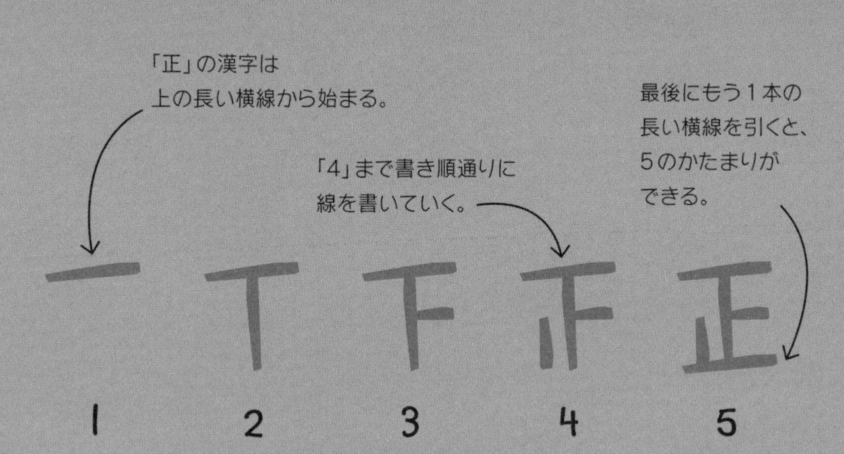

「正」の漢字は
上の長い横線から始まる。
「4」まで書き順通りに
線を書いていく。
最後にもう１本の
長い横線を引くと、
5のかたまりが
できる。
一 丅 下 㱏 正
1 2 3 4 5

できるかな？

下の３種類の画線法で数えた数がいくつか、わかる？　最初に5または10のかたまりがいくつあるか数えるといいよ。
（答えはp.127にあるよ）

𝍸 𝍸 𝍸 𝍸
𝍸 𝍸 𝍸 𝍷𝍷𝍷 ＝？

＝？

正正正一 ＝？

やってみよう

タリーを使って数えよう

画線法は、庭や公園などにいる、決まった動物の数を記録するのに、ぴったりな方法なんだ。毎回、数字を書きかえるのではなく、見つけた動物ごとに新しいマーク（線や点）を追加していくだけだから、やりやすいんだよ。

きみもやってみよう。身近な場所の中で、1時間以内にきみが見つけた、チョウと鳥とハチの数をタリーで記録してみよう。

チョウ	𝍷𝍷𝍷𝍷
鳥	𝍸 𝍸 𝍷
ハチ	𝍸 𝍷𝍷

ホントの話

イシャンゴの骨

これは、1960年に現在のコンゴ民主共和国で発見された、ヒヒの足の骨だ。2万年以上前のもので、骨の表面にタリーの線のような傷があるため、太古の時代に数学が使われていた証拠になるものといわれているよ。でも、初期の人類が、タリーを使ってなにを記録していたかは、だれにもはっきりわかっていないんだ。

体を使う数え方ってどうやるの？

人類が初めて使った計算機ってなんだと思う？　それは自分の体だよ。数字を書く前の時代は、ほぼまちがいなく、指を使って数えたり計算したりしていたんだ。だからこそ「指」という意味のラテン語（digitus）から生まれた「ディジット（digit）」という言葉は、今でも「指」と「（0～9の）数字」という、2つの意味がある。人々の大部分が使っている数え方が、10のかたまりを基本にしているのは、手に10本の指があるからだ。でも、体のほかの部分を使う数え方を考え出した文明もあるんだよ――なんと、鼻まで使うんだって！

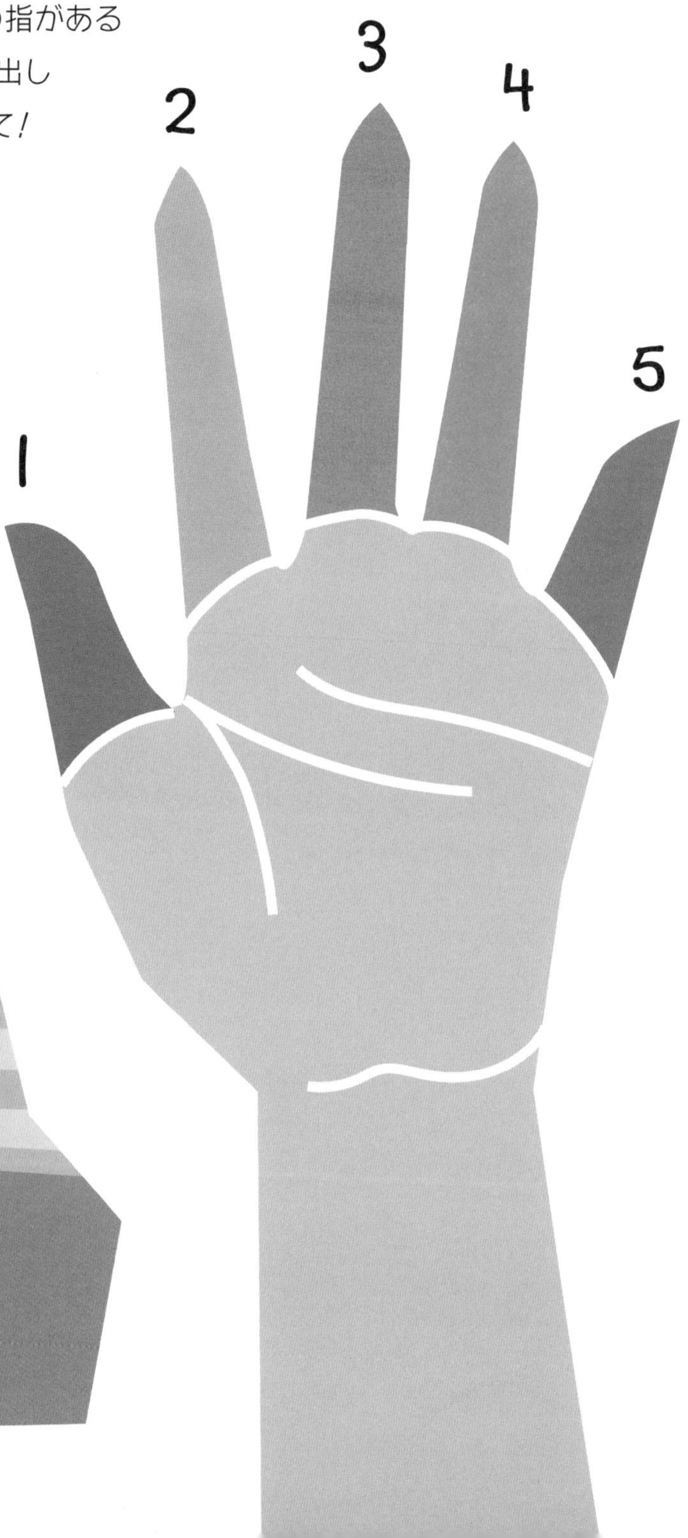

1
2
3
4
5

10を基本にする数え方

現在使われている10ずつ数える方法は、両手の指を使う数え方から生まれたと考えられている。この10進法（decimal system）を表す「デシマル（decimal）」という英語は、「10」を表すラテン語（*decem*）がもとになっているんだ。10進法は英語で「base-10」と書かれることもある（「base」は基本という意味だよ）。つまり、10進法は、10のまとまりで数を考えたり数えたりするってことなんだよ。

20を基本にする数え方

北アメリカや中央アメリカにあった、古代のマヤ文明やアステカ文明では、20のまとまりで数える方法（20進法）を使っていた。これは、たぶん両手と両足の指を使っていたんだろう。

60を基本にする数え方

古代バビロニア人は、60進法を使っていた。片手の親指を使って、ほかの4本の指の3つの部分をさわって数えると12になり、もう片方の手の5本指で12のかたまりの数を数えれば、全部で60まで数えられる。現在、世界で使われている時間が、60秒ごとに1分となっているのは、実は古代バビロニアに理由があるんだ。

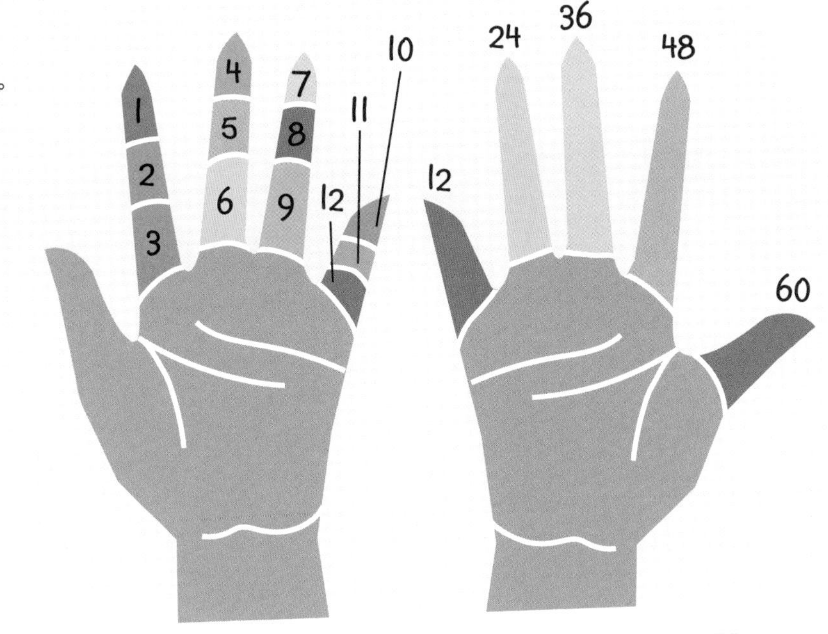
1
2
3
4
5
6
7
8
9
10
11
12
12
24
36
48
60

27を基本にする数え方

パプアニューギニアには、昔から27進法を使っている部族がある。これは、もっとたくさんの体の部分を使った数え方がもとになっているんだよ。このような部族の人たちは、まず片手の指（1～5）、続いて腕から首（6～11）、次に顔の半分から鼻まで（12～14）、そして残りの顔半分から同じようにもう片方の指（15～27）まで順に使って数えているんだって。

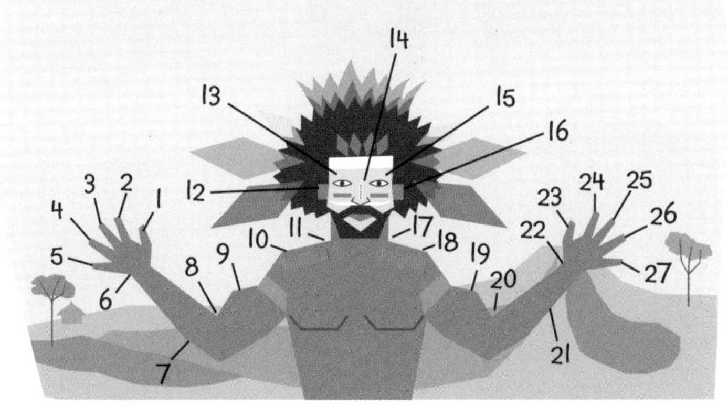
1
2
3
4
5
6
7
8
9
10
11
12
13
14
15
16
17
18
19
20
21
22
23
24
25
26
27

宇宙人が数えたら？

もし、宇宙人の指（それとも、タコの足のような触手（しょくしゅ）?）が8本だったら、きっと8進法を使うだろうし、この数え方で計算もできるだろう。きみが使っている10進法とは見かけはちがっているだろうけど、数学の内容にちがいはないよ。

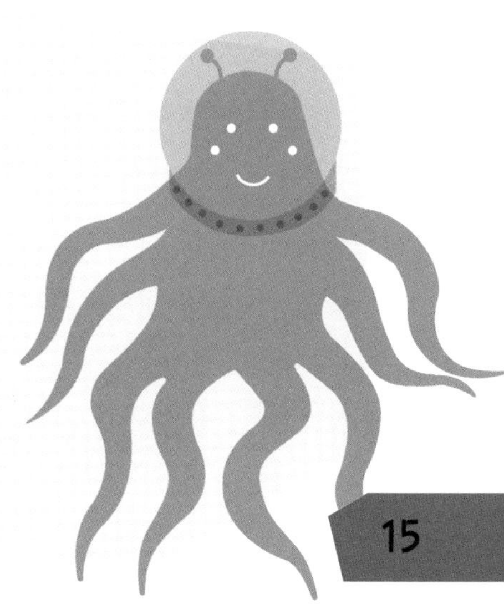

飼っている牛を どうやって数えたの？

今から6000年以上前、メソポタミア（現在のイラクの一部）の平原は土地が豊かで、シュメール文明が栄えていたんだ。そこでは自分の土地をもつ人がどんどん増え、小麦を育てたり、羊や牛などの家畜（かちく）を飼ったりしていた。シュメールの商人や、人々から税を取り立てる役目をまかされた人は、売り買いしたものや、納める税の額を記録したいと思った。そこで、洞窟（どうくつ）ぐらしの人類の祖先たちが始めた単純なタリーや体の部分を使うような原始的な数え方よりも、もっと進んだ方法を考え出したんだ。

1 シュメールの商人や税の取り立て役は、売り買いしたものや税の額などを記録したいと思った。そこで、人々がそれぞれもっている家畜などの財産を数えて記録する方法を考え出したんだ。

2 まず、家畜やそのほかの財産を表す、小さなトークンが粘土でつくられた。そして、それぞれの人の財産が数えられ、あとで調べられるように、まだしめっている粘土でできた、中がからっぽの球の中に、見合った数のトークンを入れて閉じたんだ。粘土が乾燥してかたくなると、中のトークンをこっそり変えることはできなくなった。

ある粘土球の中にどのトークンが入っているのか、商人や税の取り立て役が知りたい場合には、球をこなごなにこわさなければならなかった。

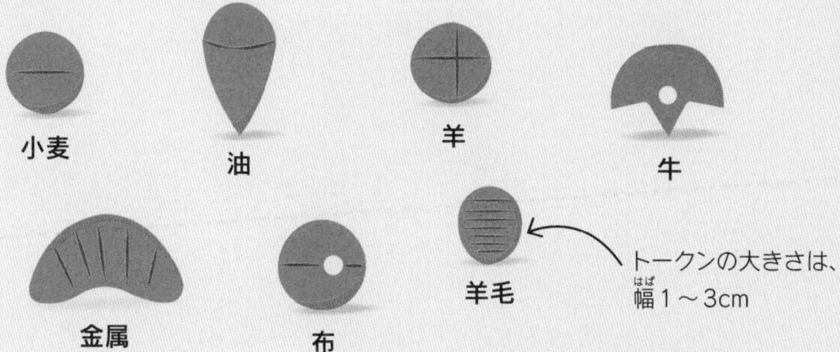

小麦
油
羊
牛
金属
布
羊毛

トークンの大きさは、幅1〜3cm

3 やがて、シュメール人は、トークンをしめった粘土球の外側に押しつけて、印をつけるようになった。おかげで、中にどのトークンがあるのか確認するのに、球をこわす必要がなくなったんだ。

4 その後、メソポタミアの人々は、この方法をさらに一歩進め、数を表すのに記号のような文字（くさび形文字の数字）を使うようになった。そのおかげで家畜などの財産をもっとたくさん記録できるようになったよ。

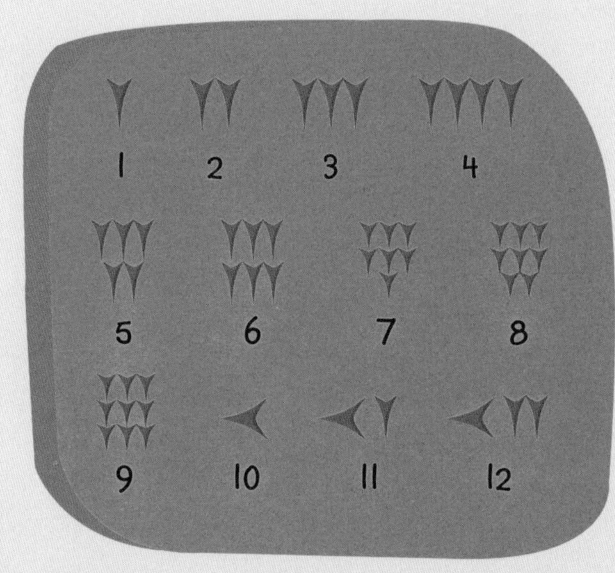

1
2
3
4
5
6
7
8
9
10
11
12

粘土の板に数を書くときは、スタイラスとよばれる先のとがった道具が使われた。

たて向きのくさびは1、横向きのくさびは10を表すので、横向き1つとたて向き2つで「12」を表すよ。

XXI

古代の数字

記数法（文字や記号で数を表す方法）を考え出した古代文明は、シュメール人だけじゃない。ほかのたくさんの文明がそれぞれの記数法を見つけていたんだ。古代エジプト人が考え出したのは、ヒエログリフという絵文字を使って表す方法だったし、そのあとの時代の古代ローマ人が発明したのは、アルファベット文字を使って表す方法だった。

古代エジプトのヒエログリフ

古代エジプト人は、ヒエログリフとよばれる小さな絵文字（象形文字ともいうよ）を使っていた。そして、紀元前3000年ころ、1や10や100などに特別な絵文字を使う記数法を考え出したんだ。

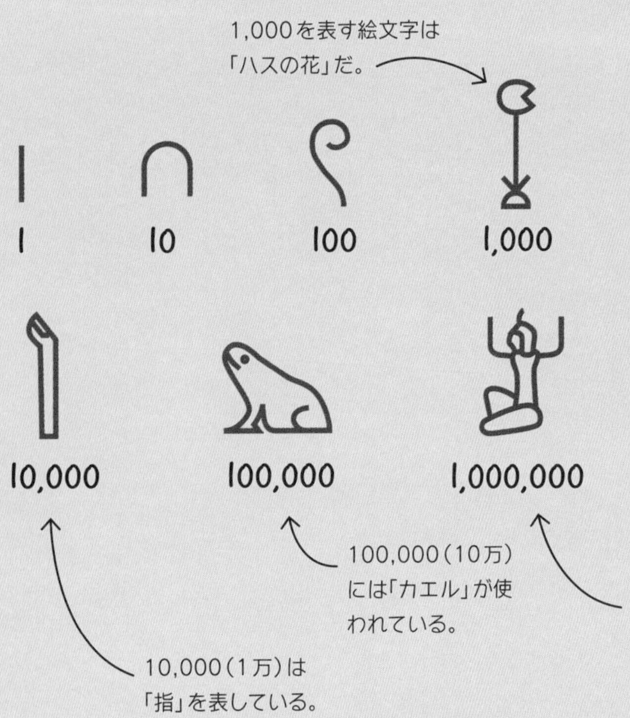
1,000を表す絵文字は「ハスの花」だ。
1
10
100
1,000
10,000
100,000
1,000,000
100,000（10万）には「カエル」が使われている。
1,000,000（100万）は、「両うでを上にあげた神様」だよ。
10,000（1万）は「指」を表している。

ローマ数字

古代ローマ人は、文字を使って、ほかにはない記数法を考え出したよ。大きい数字のあとに小さい数字がある場合、大きいほうの数に小さいほうの数をたすという意味になる。たとえば、XIIIの場合、10＋3で「13」だ。反対に、小さい数字が大きい数字の前にある場合、大きいほうの数から小さいほうの数を引くという意味になるんだ。たとえば、IXは10－1で「9」だよ。

I	II	III	IV	V
1	2	3	4	5
VI	VII	VIII	IX	X
6	7	8	9	10
XX	L	C	D	M
20	50	100	500	1,000

ホントの話

古代の数字の今

ローマ数字は、今でも使われている。イギリスの女王、エリザベス2世（英語で書くと“Queen Elizabeth II”）のように、外国の王や女王の称号に使われたり、時計の文字盤に使われたりしている。ただし、時計によっては4時の数字が「IV」ではなく、「IIII」となっている場合もあるよ。

現代の数字

紀元前３世紀に、インドの画線法からブラーフミー数字が生まれ、９世紀までにインド数字といわれるものに発展した。アラビアの学者はこの記数法を西アラビア数字に取り入れ、最終的にヨーロッパに広めたんだ。そのうち、このインド・アラビア数字にヨーロッパ形式が生まれた。これが、今、世界で最も広く使われている「アラビア数字」という記数法だよ。

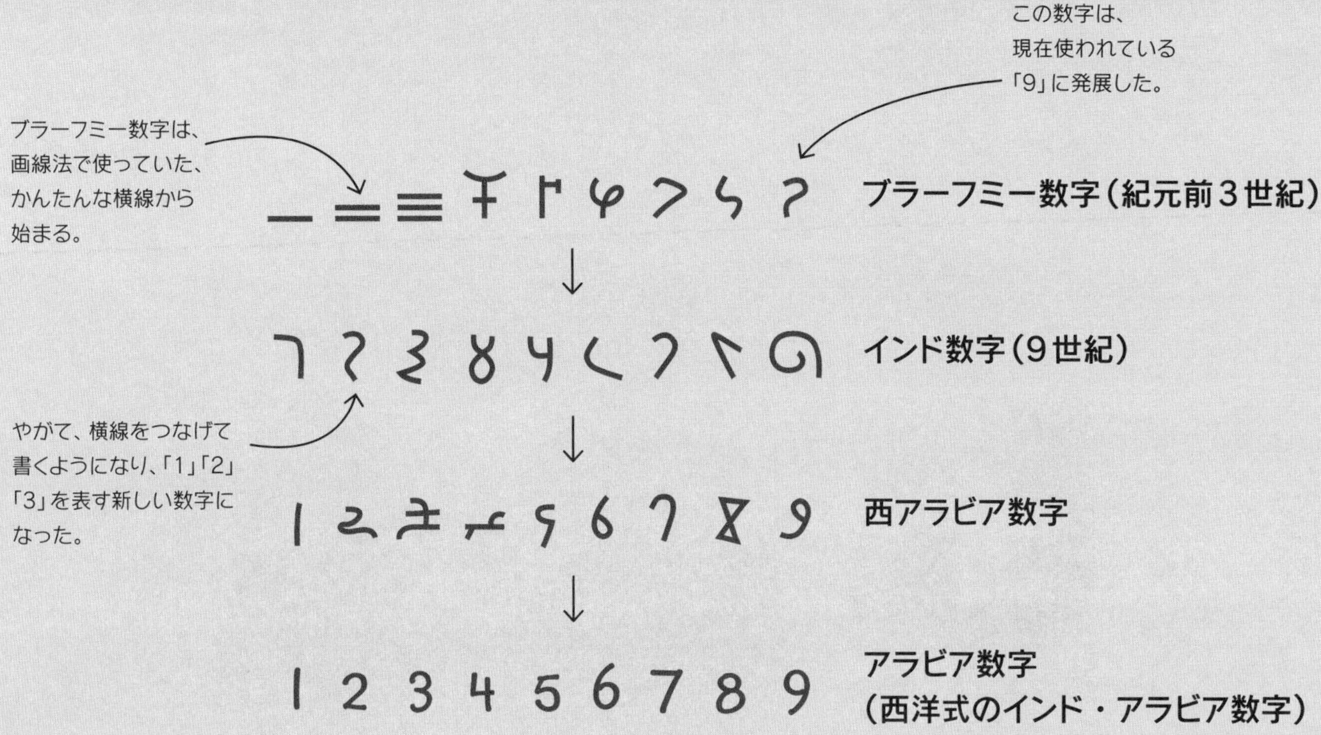
この数字は、
現在使われている
「9」に発展した。
ブラーフミー数字は、
画線法で使っていた、
かんたんな横線から
始まる。
ブラーフミー数字（紀元前３世紀）
インド数字（９世紀）
やがて、横線をつなげて
書くようになり、「1」「2」
「3」を表す新しい数字に
なった。
西アラビア数字
1 2 3 4 5 6 7 8 9
アラビア数字
（西洋式のインド・アラビア数字）

やってみよう

きみの誕生日を書いてみよう

イギリスのエジプト考古学者として有名なハワード・カーターは、1874年５月９日に生まれた。この誕生日を古代エジプトのヒエログリフやローマ数字で書くと、どうなるだろう？

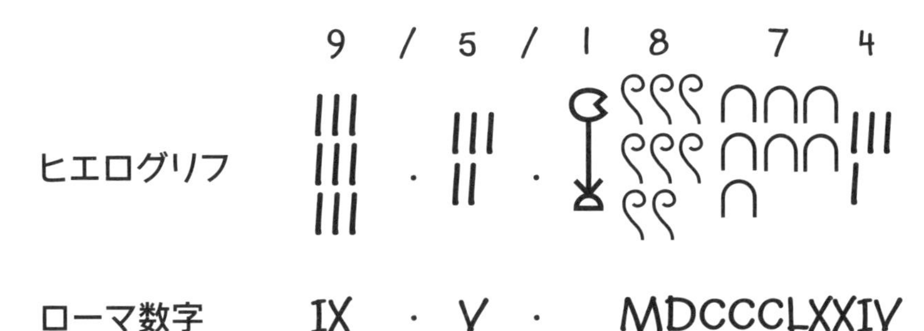
9 / 5 / 1 8 7 4
ヒエログリフ
ローマ数字
IX · V · MDCCCLXXIV

では、きみの誕生日を古代エジプトのヒエログリフやローマ数字で書いてみよう。

“なにもないこと”をどうやって数字で表したの？

「なにもない」という発想はあっても、そこから数字の0（ゼロ）に行きつくまでは長い道のりだった。世界中の文明の助けがあってようやくたどり着いたんだ。数字の0は、現代の位取り記数法になくてはならない。というのも、この記数法では、ある数を表すのにアラビア数字をならべて書き、それぞれの数字の位置（桁）で大きさを示すからだ。たとえば「110」の「0」の位置は、この数に1がいくつあるかを示す場所なので、そこに「0」が書いてあるのは、この数に1がまったく“ない”ことを表している。「101」であれば、「0」はこの数に10がまったく“ない”ことを表している。このように、「0」は位取りの場所取り記号としてはたらく。ただし、0はそれ自体が数でもあるので、たし算、引き算、かけ算ができるよ。

紀元前2000年ころ

なにも書かない空白

数を書き表すのに、世界で初めて位取りを使ったのは、バビロニア人だ。けれども、ゼロ（なにもないこと）を数として考えたことはなかったので、ゼロを表す数字はなかったんだ。そのかわりに、なにも書かない、空白の部分を残すことにした。でもこの方法では、たとえば101と1001はどちらも真ん中に空白ができるので、見分けがつかなくて困ったんだ。

11 = 11

1 1 = 101か、1001？

0がないと、書かれた数の本当の大きさがわかりづらい。

紀元前500年ころ

ゼロなんて必要ない

古代ローマ人にはゼロという考えは生まれなかった。位取り記数法ではなく、特定の数（1、5、10など）を表すために特定の文字（Ｉ、Ｖ、Ｘなど）を使うという記数法だったからだ。この方法では、ゼロを使わずに1201のような数を書きあらわすことができたんだ。

MCCI＝1000＋100＋100＋1＝1201

CI = 100 + 1
MI = 1000 + 1

計算がめちゃくちゃだ

古代ギリシア人にもゼロを表す数字はなかった。古代ギリシアの哲学者アリストテレスは、ゼロという考え自体、まったく気に入らなかった。ゼロで割り算をしようとすると、答えがめちゃくちゃになったからだ。

マヤ人の貝がら

中央アメリカの古代マヤ文明では、ゼロを表すのに貝がらを使っていた。でも、それ自体は数字ではなく、たぶん、バビロニア人が数字と数字の間に空白の部分を残したのと同じように、なにもない位があることを表すものだったにちがいない。

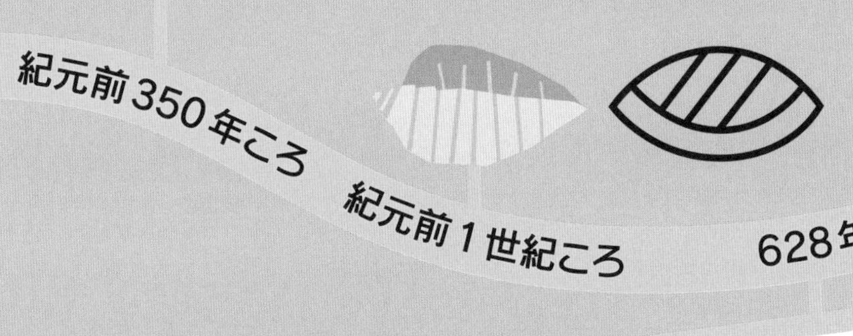

紀元前350年ころ　紀元前1世紀ころ　628年

ゼロをふくむ計算のルール

最初にゼロを数として扱(あつか)ったのは、インドの数学者ブラフマグプタだった。そして、次のような、ゼロをふくむ計算のルールを考え出したんだ。

ある数に「ゼロ」をたす場合、もとの数は変わらない。
ある数から「ゼロ」を引く場合、もとの数は変わらない。
ある数に「ゼロ」をかける場合、答えは「ゼロ」になる。
「ゼロ」を「ゼロ」で割る場合、答えは「ゼロ」になる。

最初の3つのルールは今でも正しいと考えられている。けれども、4つ目はちがう。現在では、どんな数も「ゼロ」で割ることはできないということが知られているよ。

ねえ、知ってる？

0で割るとどうなるか

0で割ることはできないよ。たとえば「6を0で割る」とは「6を0個ずつに分ける」こと。だけど、0個ずつのグループはいくつ集まっても0で、6にはならない。だから「0個ずつ」には分けられないんだ。

「ゼロ」の発想が広まる

バグダッド（現代のイラクの都市）の科学者、アル=フワーリズミーは、数学に関する本をたくさん書いた。そこでは数字に「ゼロ」がふくまれる、インドの新たな記数法を使っていた。これらの本はたくさんの言語に訳され、数字でありながら数値でもある「ゼロ」という発想を広めるのに一役買ったんだ(p.120も見てね)。

北アフリカの「ゼロ」

北アフリカを旅するアラビアの商人は、世界のほかの地域からやってくる商人に「ゼロ」の発想を広めた。ヨーロッパの商人たちはまだ、やっかいなローマ数字を使っていたけれど、「ゼロ」という発想はすぐに受け入れられたんだ。

9世紀

11世紀ころ

1202年

“なにもない”なんてけしからん

イタリアの数学者フィボナッチは、北アフリカを旅しながら聞いた「ゼロ」について1202年に『算盤（さんばん）の書』という本に書いた。でも、宗教指導者たちは、勝手にゼロ（なにもないこと）を悪と結びつけて怒（おこ）ったんだ。そして、1299年にはイタリアのフィレンツェで「ゼロ」が禁止された。0は9にかんたんに書きかえられるので、不正をしやすくするのではないかと心配したんだ。でも、0はとても便利だったので、人々はこっそり使い続けたんだよ(p.120も見てね)。

算盤の書

“なにもないこと”を書きあらわす

中国では、別の記数法が考え出されていた。中国の数学者は8世紀ごろから「ゼロ」の場所を空白にしていた。そして、13世紀までには、まるい円の記号を使い始めたんだ。

コンピュータの言語

現在ある、すべてのコンピュータやスマートフォンのようなデジタル技術は、0がなくては成り立たない。人間の命令を、バイナリコードとよばれる、0と1で構成される数字の列に置きかえているから、コンピュータが読み取れるんだよ。

13世紀

17世紀

現在

新たな進歩

16世紀までに、インド・アラビア数字がヨーロッパ全体で採用され、0は一般的に使われるようになった。やっかいなローマ数字ではできなかった複雑な計算が、0のおかげでできるようになり、アイザック・ニュートンのような数学者たちによる、17世紀の数学研究に大きな進歩をもたらしたんだ。

$x^2-3x-4=0$
$4x^2-3x-1=0$
$\int_0^{\frac{2\pi}{5}} - \int_0^a \frac{ar}{\sqrt{a^2-ar}}$

ねえ、知ってる?

新世紀はいつからか

西暦2000年、世界中で新しい世紀(ミレニアム)の始まりが祝われた。でも、多くの人が「1年早かった」といい、新世紀は実際には2001年1月1日に始まったと考えている。というのも、西暦紀元には0年というものはなかったからなんだ。

1 中国の商人たちは、お金のやり取りを記録する方法をさがしていた。そこで、受け取ったお金の額を赤い棒、しはらったお金の額を黒い棒で表すことにしたんだ。これを板や布や紙でできた算盤の上にならべて計算したんだよ。

負の数は どうしてできたの？

負の数とは0より小さい数のこと。その歴史は、世界で最初に使われたとされる、古代中国までさかのぼる。そこでは、商人がお金の出し入れを記録して計算するのに、象牙（ぞうげ）や竹でできた算木（さんぎ）という計算棒を使っていた。この道具は赤い棒が正の数、黒い棒が負の数を表していたんだ。今なら、数字の色で正や負を表す場合、これと反対の色を使うけどね（出ていくお金のほうが多くて借金している場合、「赤字」っていうよ）。その後、インドの数学者も負の数を使い始めた。でも、負の数を表すのに、数字に「＋」の符号をつけることがあったんだ。これも今とは反対だよ。

2 算盤は、のちに位取り記数法に発展した。マス目のどこの位置に棒があるかで、その数が示す大きさがわかるよ。

3（一の位では）たて向きの棒は1を表し、2～5は同じように棒をたて向きに置いていく。6～9は、5を表す横向きの棒に、たて向きの棒をくっつけて置く。

たて式（たて置きが基本）の数

=1　=2

=6　=7

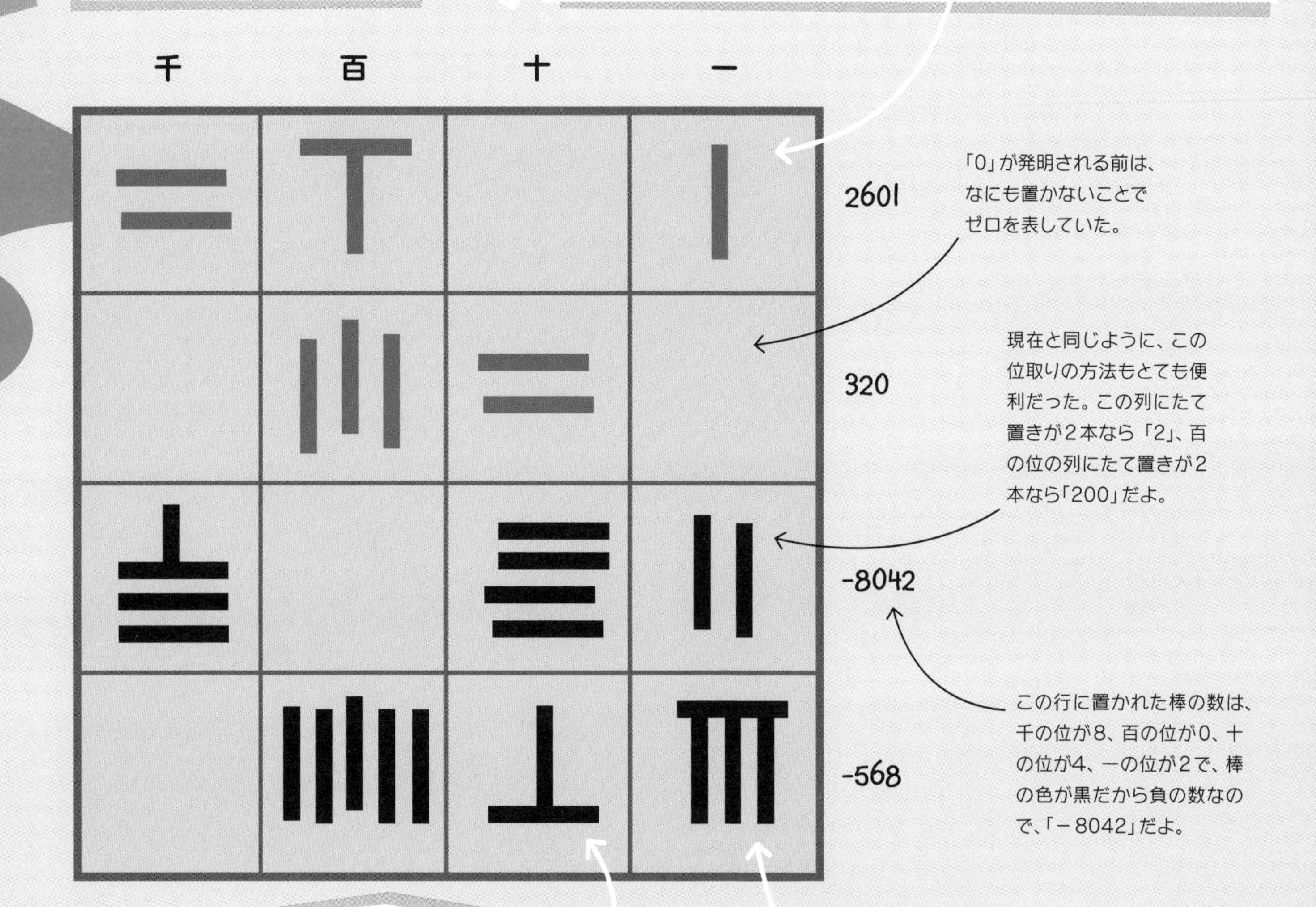

千
百
十
一
2601
320
-8042
-568
「0」が発明される前は、なにも置かないことでゼロを表していた。
現在と同じように、この位取りの方法もとても便利だった。この列にたて置きが2本なら「2」、百の位の列にたて置きが2本なら「200」だよ。
この行に置かれた棒の数は、千の位が8、百の位が0、十の位が4、一の位が2で、棒の色が黒だから負の数なので、「－8042」だよ。

4 となりの列のマス（十の位）では、1～5は横向きに置き、6～9は、5を表すたて向きの棒に横向きの棒をつける。次の列（百の位）は、また、たて置きで始まる。このように、列ごとに置き方は変わる。

横式（横置きが基本）の数

=1　=2

=6　=7

5 この方法は、正の数（受け取ったお金の額）に赤い棒、負の数（しはらったお金の額）に黒い棒が使われている。

負の数

負の数の計算は、数直線で表すとわかりやすいよ。数直線では、0の右側が正の数で、左側が負の数だ。今は、負の数の数字の前に「－」(マイナス)の符号を書くんだよ。正でも負でも符号をとった数字の部分は「絶対値」といって、0からどれだけ離れているかを表しているんだ。

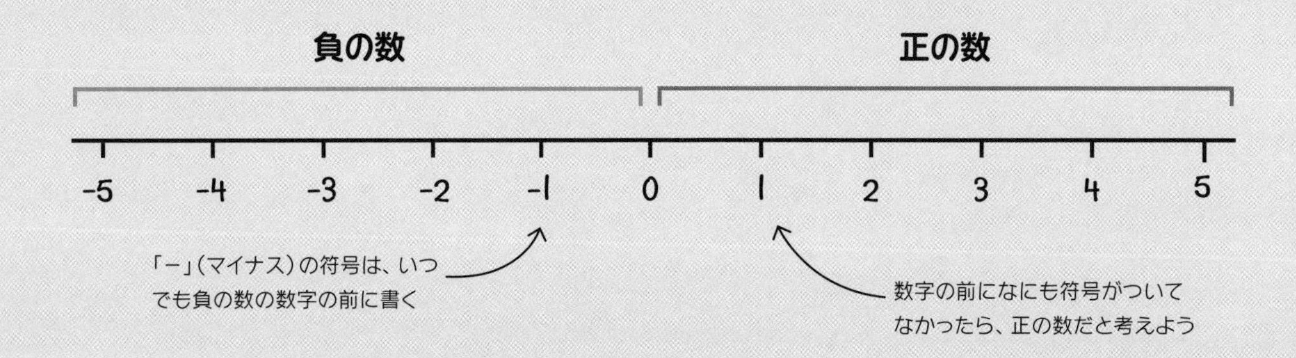
負の数
正の数
-5
-4
-3
-2
-1
0
1
2
3
4
5
「－」(マイナス)の符号は、いつでも負の数の数字の前に書く
数字の前になにも符号がついてなかったら、正の数だと考えよう

正の数や負の数のたし算

どんな数でも、それに正の数をたすときは、もとの数から数直線を右に進む。ある負の数に、それより絶対値が大きい正の数をたす場合、0を通りこして答えは正の数になる。でも、たす数が負の場合は向きが反対だ。どんな数でも負の数をたすときは、数直線を左に進む。これは、その負の数と絶対値が等しい正の数を引く、引き算と同じだよ。

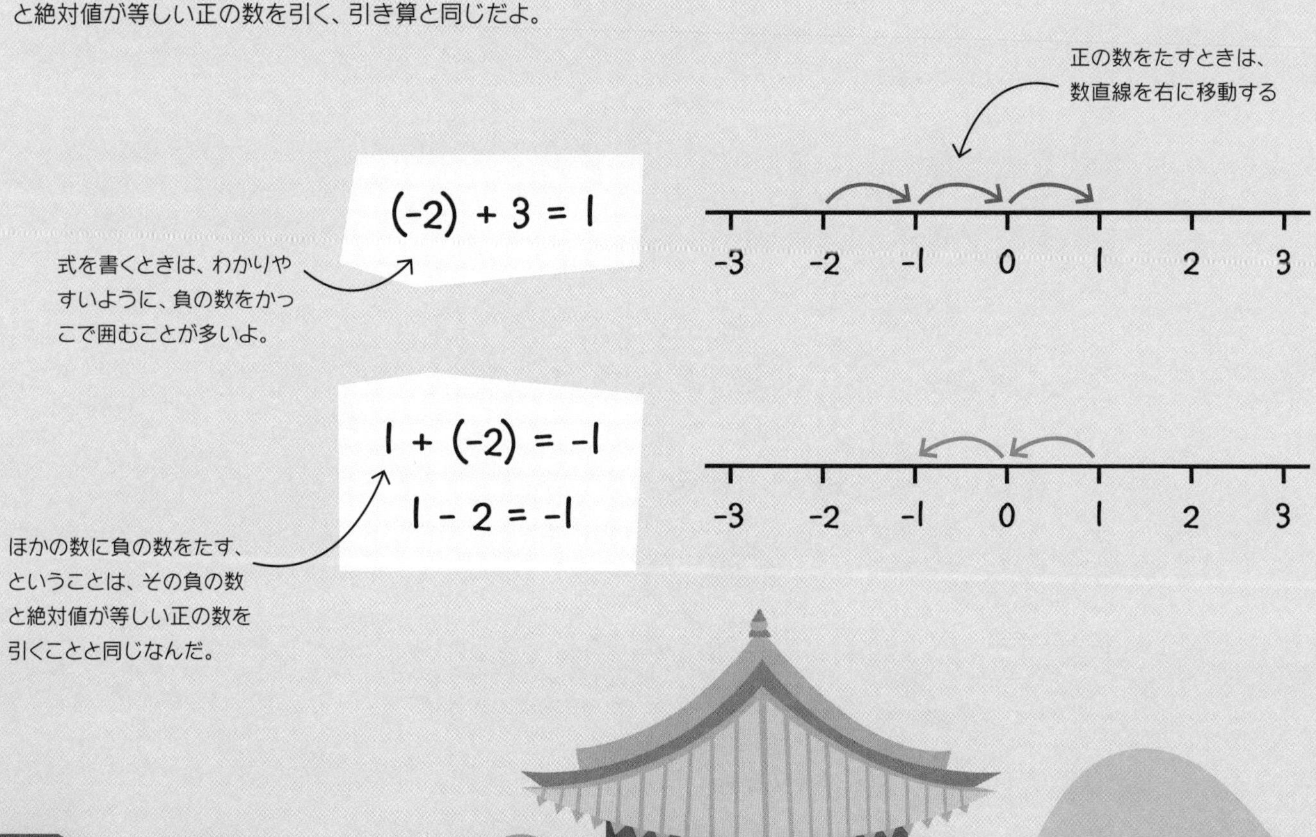
正の数をたすときは、数直線を右に移動する
(-2) + 3 = 1
式を書くときは、わかりやすいように、負の数をかっこで囲むことが多いよ。
-3
-2
-1
0
1
2
3
1 + (-2) = -1
1 - 2 = -1
ほかの数に負の数をたす、ということは、その負の数と絶対値が等しい正の数を引くことと同じなんだ。
-3
-2
-1
0
1
2
3

正の数や負の数の引き算

ある数から正の数を引くときは、数直線を左へ進む。負の数から正の数を引く場合も同じだ。でも、引く数が負の場合は、やっぱり向きが反対になるよ。どんな数でも、そこから負の数を引くときは、数直線を右へ進むんだ。これは、ある数に、負の数と絶対値が等しい正の数をたす、たし算と同じだよ。

負の数から正の数を引く場合、ふつうの引き算と同じように左に進む。

$$(-1) - 2 = -3$$

-3 -2 -1 0 1 2 3

負の数の引き算は、負の数と絶対値が等しい正の数をたす、たし算になる。

$$(-2) - (-4) = 2$$
$$(-2) + 4 = 2$$

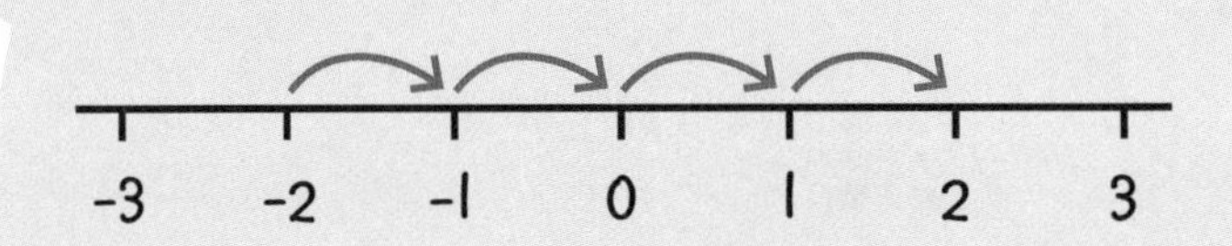
-3
-2
-1
0
1
2
3

やってみよう

極端な温度の差を求めよう

地球上の気温は場所によってすごくちがいがあるんだ。これまでの地表の最高温度は、1913年7月10日、アメリカのカリフォルニア州のデスバレーで記録された57℃（134℉）で、最低温度は、1983年7月21日に南極のボストーク基地で記録された－89℃（－128℉）だよ。

この最高温度と最低温度の差はどれくらいだろう?

2つの数の差は大きい数から小さい数を引く、引き算で計算できるよ。

摂氏温度（℃）で答えを出すときは、57－(－89)を計算し、華氏温度（℉）で答えを出すときは、134－(－128)を計算しよう。最高温度と最低温度の差は、それぞれの単位でどのくらいになるかな?

（答えはp.127にあるよ）

ホントの話

海面より低い都市

負の数は、海面より下にある地点の深さを表すのに使われているよ。アゼルバイジャン共和国の首都バクーは、海面より28メートル低いところにある。だから、この都市の標高は「－28m」と表されるんだ。ここは地球上で最も標高が低い首都なんだよ。

税金の額はどうやって決めたの？

スーパーマーケットの割引からスマホの充電(じゅうでん)レベルまで、百分率は、割合をかんたんにすばやく比べるのに便利だ。百分率は、大昔から税金の額を決めるのに使われてきたんだよ。初期のころの古代ローマ帝国(ていこく)では、おもに軍隊の費用にあてるため、土地やお金などの財産をもっている人々は税金をはらわなければならなかった。税を扱う役人は、人によって豊かさがちがうため、だれからも同じ額を受け取るのは不公平だと認め、それぞれの人から財産の100分の1、つまり1%（パーセント）を受け取ることにしたんだ。

2 この人は、とても貧しいけれど、ありったけの財産の100分の1の額を役人に差し出した。

この人の税金の額は少ない。はらったのはコイン1枚だけだ。

1 税を扱う役人は、財産をもっているすべての人々が所有する土地やお金などの総額を調べ、その100分の1を税金として受け取った。

これがこの人の全財産。とっても少ない。

もっと知ろう
百分率

百分率は、もとにする量を100としたときの比べる量の割合のことで、パーセント（記号：%）で表される。「パーセント」は古代ローマ人が使っていたラテン語から生まれた言葉で、「100あたり」「100分の～」という意味なんだ。100枚のコインの中に金貨が1枚入っていたら「コインの1%が金貨だ」といえるよ。

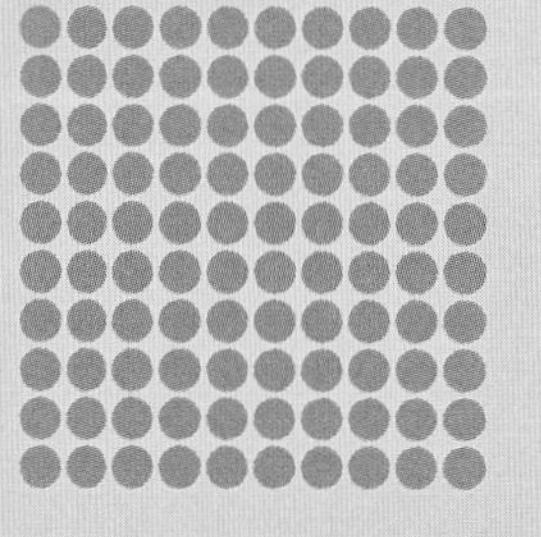

$\frac{1}{100}$ は1%に等しい

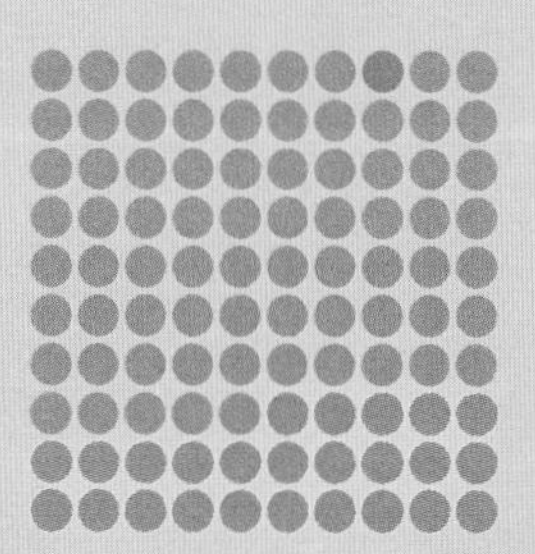

$\frac{75}{100}$ は75%に等しい

3 この人ももっている財産の100分の1の額を役人にわたす。でも、最初の人より財産がやや多いので、はらうコインもやや多い。

4 さらにもっとお金持ちのこの人も、財産の100分の1の金額を役人に納める。ここにいる人だけでなく、すべての人の税金の額が同じ割合で決められた。この人の税金は前の2人よりはるかに多いけれど、この人の全財産に対する割合は2人と同じなんだ。

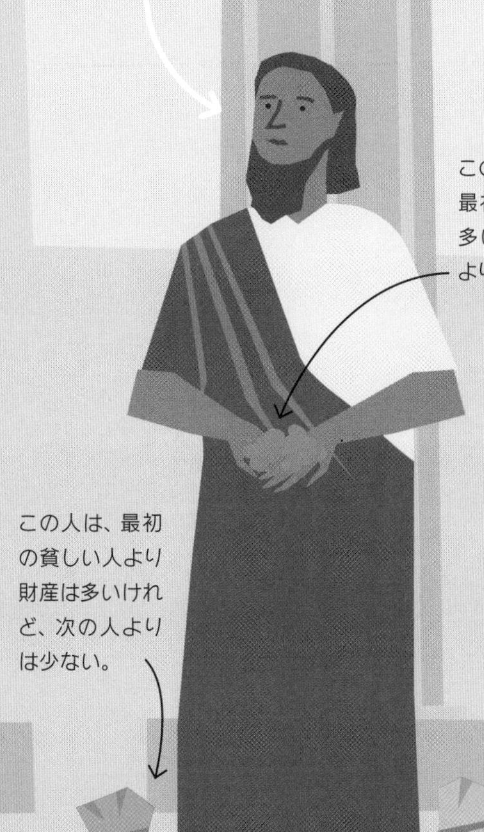
この人の税金の額は、最初の貧しい人より多いけれど、次の人よりは少ない。
この人は、最初の貧しい人より財産は多いけれど、次の人よりは少ない。

3人の中で、税金として納めるコインが一番多い。
この女の人は3人の中で一番たくさんお金をもっている。

100枚のコインの1%
=コイン1枚

3000枚のコインの1%
=コイン30枚

10,000枚のコインの1%
=コイン100枚

1%の税金を計算するには、財産をすべてコインで表した場合のコインの枚数を100で割るだけでいいんだ。すべての人が財産に対して同じ割合の額を納める方法なので、全員が同じ額を納める制度よりも公平だったんだよ。

割合から比べる量を求める

ローマの皇帝が税金として合計250,000枚のコインを集めたとするよ。皇帝はその税金の20%を新しい道路の建設についやし、残りの80%を軍隊の設備に使いたいと考えている。この場合、合計250,000枚のコインのうち、新しい道路の建設に何枚のコインが必要で、軍のために何枚のコインが残るだろう?

できるかな?

お店で、あるゲームに「25%引き」と書かれていて、今の値段が2400円だった。このゲームのもとの値段は何円だったんだろう?
(答えはp.127にあるよ)

まず、コイン全体の1%が何枚になるかを調べるために、250,000枚のコインを100個の等しいかたまりに分けてみよう。
250000枚の1%=250000÷100=2500(枚)

次に、この2500に求めたい百分率の値をかける。この場合は20%だったね。
2500×20=50000(枚)
これが、新しい道路の建設に必要なコインの数だよ。

今度は、税金の合計250,000枚から、新しい道路の建設に使われる50,000枚を引いてみよう。
250000−50000=200000(枚)

つまり、軍隊に使えるお金は、コイン200,000枚ということだ。

割合からもとにする量を求める

もし、皇帝が集めた税金の40%を使って像をつくることを決め、その費用がコイン16,000枚だったとしたら、集めた税金の合計はコイン何枚だったのだろう?

もとにする量、この場合、税の合計額を求めるには、まず、合計額の1%は何枚かを求め、その枚数に100をかけるんだ(合計額の割合は100%だからね)。

最初に、16000を40で割ることで、合計額の1%の枚数がわかる。
16000÷40=400(枚)

次に、1%の枚数に100をかける。
400×100=40000(枚)

つまり、皇帝が集めた税金の合計は、コイン40,000枚だよ。

?
60%
40%
コイン
16,000枚

やってみよう

セールで得する方法

スーパーマーケットで商品の値段を比べる一番よい方法は、それぞれの単価（たとえば、1グラムあたりの値段など）を計算することなんだ。500グラム入りのアイスクリームを、ふだん390円で売っている店が、同じアイスで2つのセールをやっているよ。お買い得品のAとBでは、本当はどっちのほうが得なんだろう？

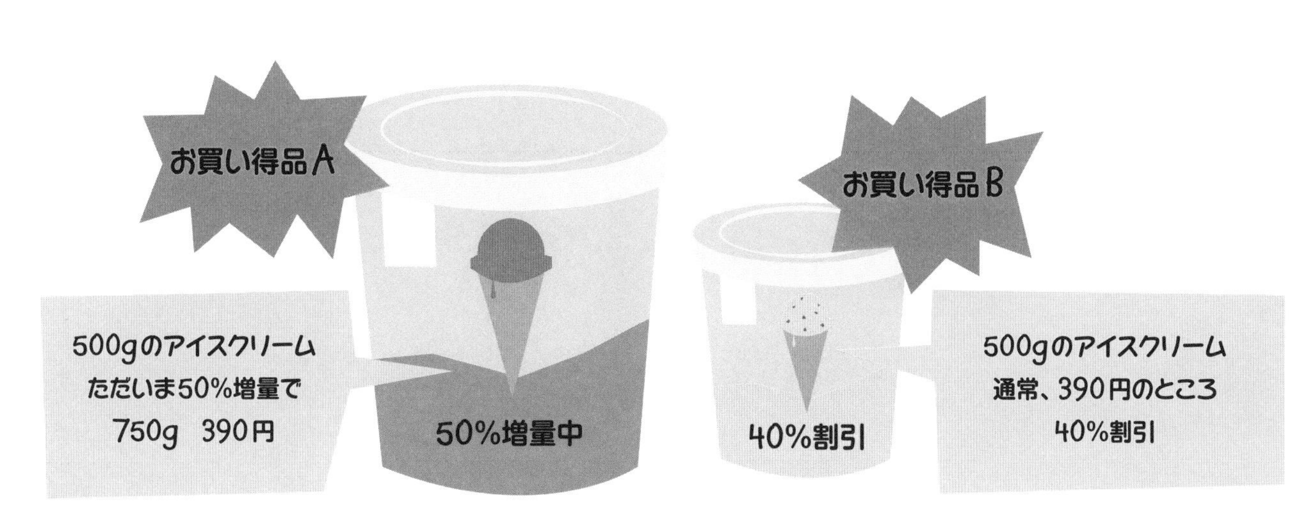

お買い得品A
500gのアイスクリーム
ただいま50%増量で
750g 390円
50%増量中
お買い得品B
40%割引
500gのアイスクリーム
通常、390円のところ
40%割引

2つのセールを比べるには、アイスクリームの単価を計算しなければならない。この場合は1グラムあたりの値段を調べるとかんたんだよ。

お買い得品A
Aのアイスクリームの量は、
500g＋50%増量分（250g）＝750（g）

1gあたりの単価＝値段÷グラム数
＝390÷750＝**0.52（円）**

お買い得品B
Bの量は500gだけど、値段は40%割引になっているので、今の本当の値段を計算しなければならないよ。

40%割引後の値段＝もとの値段の60%
＝390×0.6＝234（円）

次にこの商品の単価を計算しよう。
1gあたりの単価＝値段÷グラム数
＝234÷500＝**0.47（円）**

つまり、Bの商品のほうが得だよ。いつもの値段（390円）の40%割引のほうが、50%増量の商品よりも、単価が安かったんだ。

今度、きみが買い物に行ったら、見た目よりも本当に得をする商品を見つけてみて！

ホントの話

スポーツの達成度

スポーツの解説者たちは、選手のパフォーマンスの具合をパーセントで表すことがある。たとえば、テニスなら「ファーストサービスが入る確率」について話題にするよ。「ファーストサービスが入る確率」が高いってことは、その選手がよいプレーをしているってことなんだ。

割合って
どんなとき使うの？

もとにする量に対する割合を示す方法は、百分率だけじゃない。分数や小数を使うと、整数ではない数をかんたんに表すことができる。この２つは表し方がちがうだけで、同じ数を示すことができるんだ。なにかを表すときに、分数と小数のどちらを使うかは、場面によって決まることが多いんだよ。

分数

全体の量や数を同じ大きさに分けて（これを等分っていうよ）、その一部分を取り上げるとき、分数が使える。分数は、分母（全体を何等分したかを表す数）と分子（取り上げたい部分の数）でできている。まるごと１枚のピザを半分に切る（２等分する）とき、その1切れは2分の１（1／2）だ。ピザを３等分したら、その１切れは3分の１（1／3）だよ。４等分だったら１切れは4分の１（1／4）だ。

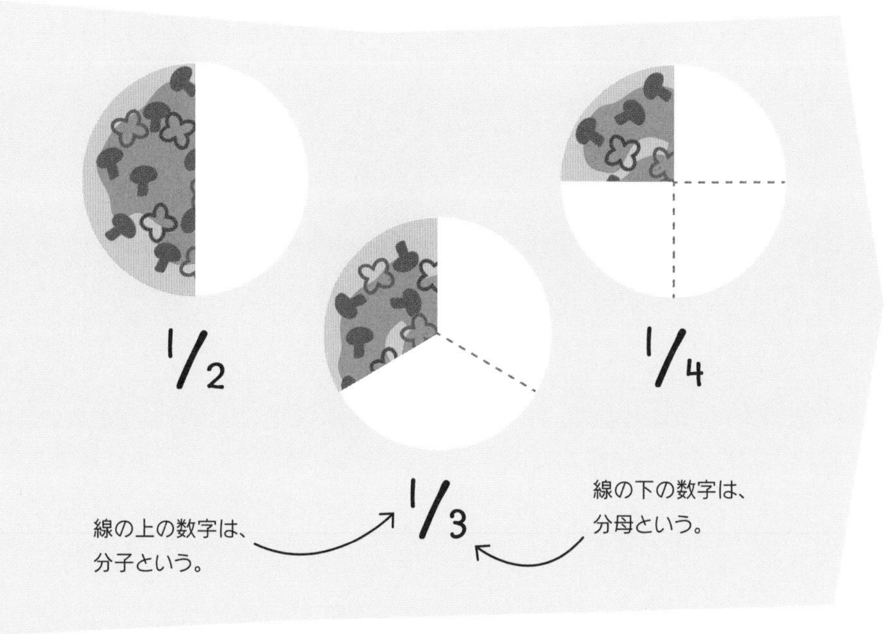
1/2
1/3
1/4
線の上の数字は、分子という。
線の下の数字は、分母という。

小数

イメージしてみて。陸上の100メートル走で、４人の選手が10秒でゴールラインを走り抜けたよ――これでは、だれが１番だったかわからないよね！　こんなとき便利なのが小数なんだ。小数ならもっと正確な数値を示すことができるよ。４人の選手の記録が、それぞれ10.2秒、10.4秒、10.1秒、10.3秒だとわかれば、だれが１位、２位、３位、４位なのか、わかるよね。

小数は、小数点を使って表す。

10の位	1の位	小数点	1/10の位	1/100の位	1/1000の位	1/10000の位
1	0	.	7	8	4	9

小数点の左側は、整数を表す。

小数点の右側は、整数に足りない部分を表す。

この長方形全体で
整数1の大きさを
表しているよ。
整数1の長方形を真ん中で分けると、2等
分で半分ずつになり、左右どちらの部分も
1／2または0.5と表すことができる。
1
1/2 または 0.5
1/2 または 0.5
1/3 または 0.333...
1/3 または 0.333...
1/3 または 0.333…
1/4 または 0.25
1/4 または 0.25
1/4 または 0.25
1/4 または 0.25
1/5 または 0.2
1/5 または 0.2
1/5 または 0.2
1/5 または 0.2
1/5 または 0.2
1/6 または 0.1666...
1/6 または 0.1666...
1/6 または 0.1666...
1/6 または 0.1666...
1/6 または 0.1666...
1/6 または 0.1666...
1/7 または 0.1428...
1/7 または 0.1428...
1/7 または 0.1428...
1/7 または 0.1428...
1/7 または 0.1428...
1/7 または 0.1428...
1/7 または 0.1428...
1/8 または 0.125
1/8 または 0.125
1/8 または 0.125
1/8 または 0.125
1/8 または 0.125
1/8 または 0.125
1/8 または 0.125
1/8 または 0.125
1/9 または 0.111...
1/9 または 0.111...
1/9 または 0.111...
1/9 または 0.111...
1/9 または 0.111...
1/9 または 0.111...
1/9 または 0.111...
1/9 または 0.111...
1/9 または 0.111...
1/10 または 0.1
1/10 または 0.1
1/10 または 0.1
1/10 または 0.1
1/10 または 0.1
1/10 または 0.1
1/10 または 0.1
1/10 または 0.1
1/10 または 0.1
1/10 または 0.1
整数1の長方形を10等分すると、
それぞれの部分はどれも1／10
または0.1と表すことができる。
分数の上下を分ける線は
「括線（かっせん）」というんだよ。

“わからないこと”は どうやって知るの？

数学にかかわる問題で、わからない部分があったら、代数が役に立つよ！代数は、わからない数や量を文字や記号に置きかえて考える、数学の方法の一つなんだ。そして、今わかっていることと代数の規則を使って計算し、文字や記号に当てはまる数や量を導き出すんだよ。代数は、工学、物理学、コンピュータサイエンスなど、たくさんの科学分野で利用されている重要な技能なんだ。わからない数を表す文字をふくむ等式を「方程式」というんだよ。

アル・ジャブル

代数学の英語名「アルジェブラ（Algebra）」は、「バラバラになったものを再びくっつける」という意味のアラビア語「アル・ジャブル（al-jabr）」からきている。この言葉は、バグダッド（現在のイラクの都市）の科学者、アル=フワーリズミーが、西暦820年ころに書いた本のタイトルに登場した。そのアイデアが、現在「代数」とよばれている、まったく新しい数学の分野につながったんだ。

はかりの左側の皿には、ダイヤモンドと2つのおもりがのっている。

はかりの両側の皿にのっているおもりはどれも同じ重さだ。

薬の量を計算する

病気を治すには、薬の量がちょうどよいことが重要なんだ。医師は、病気そのものや病気になった人の健康状態、さまざまな薬のきき目など、病気を治すのにかかわるような要因をすべて考え合わせて、薬の適切な量を計算する。この計算に代数は役に立っているよ。

できるかな？

お菓子の入った袋がある。そこから友だちがお菓子を６個とったよ。きみには最初に入っていたお菓子の３分の１が残った。最初にお菓子は袋にいくつ入っていたんだろう？
（答えはp.127にあるよ）

自動車を動かす

コンピュータと人工知能（AI）が、運転手のいらない自動車をコントロールできるようになったのは、代数のおかげだ。自動運転車は、車の速度や方向や現在のまわりの状況などを記録し、この情報に基づいて、カーブ・減速・停止・加速などが安全にできるタイミングを、コンピュータが代数を使って正確に計算しているんだよ。

方程式では、てんびんばかりの両側はいつでもつりあっている。

はかりの右側の皿には、６つのおもりがのっている。

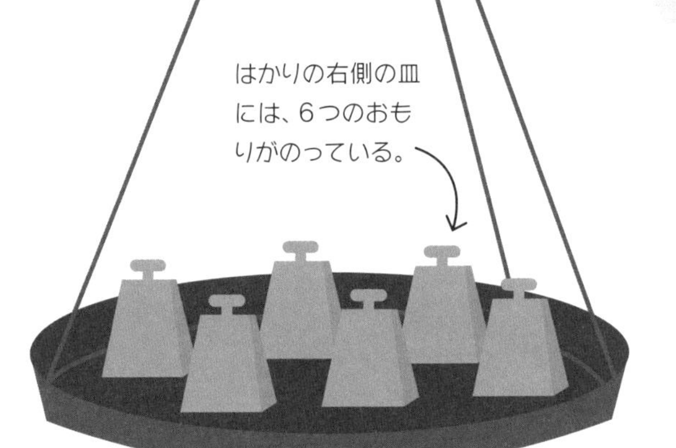

代数のかぎは“バランスをとること”

方程式は、てんびんばかりのようなものだ。はかりのバランスをとるには、一方に対してなにかをしたら、もう一方に対しても同じことをしなければならない。ここでは、ダイヤモンドの重さを計算しようとしているよ。左側の皿のダイヤモンドと２つのおもりは、右側の皿の６つのおもりと等しいことがわかっている。代数を使うと、ダイヤモンドの重さは４つのおもりに等しいことが証明できるよ。

この方程式では、ダイヤモンドの重さとしてxという文字を使っている。

はかりの両側の皿から、それぞれ2つずつおもりをとっても、はかりのバランスは変わらない。こうすることで、ダイヤモンドの重さはおもり4個分だと証明されるよ。

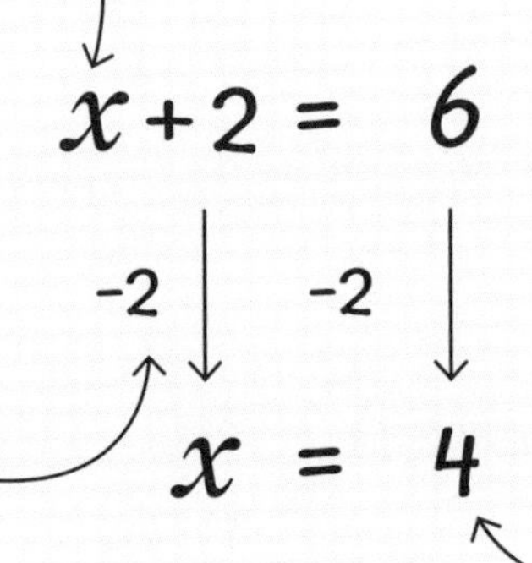
$x+2 = 6$
-2
-2
$x = 4$

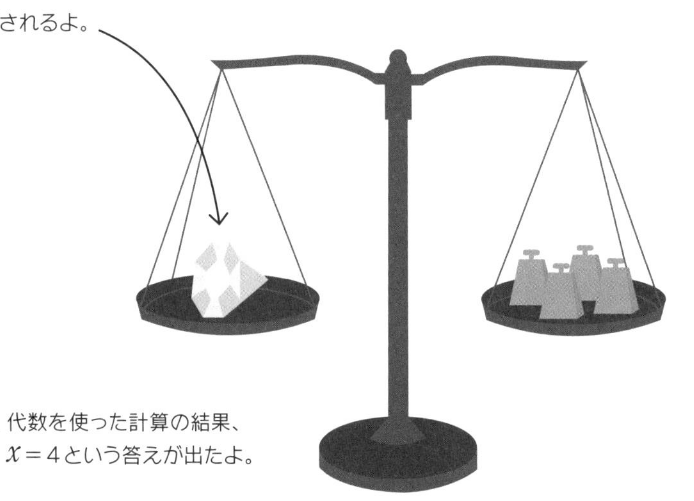

xの重さを見つけるために、式の両側からそれぞれ2つのおもり分の２を引く。

代数を使った計算の結果、$x = 4$という答えが出たよ。

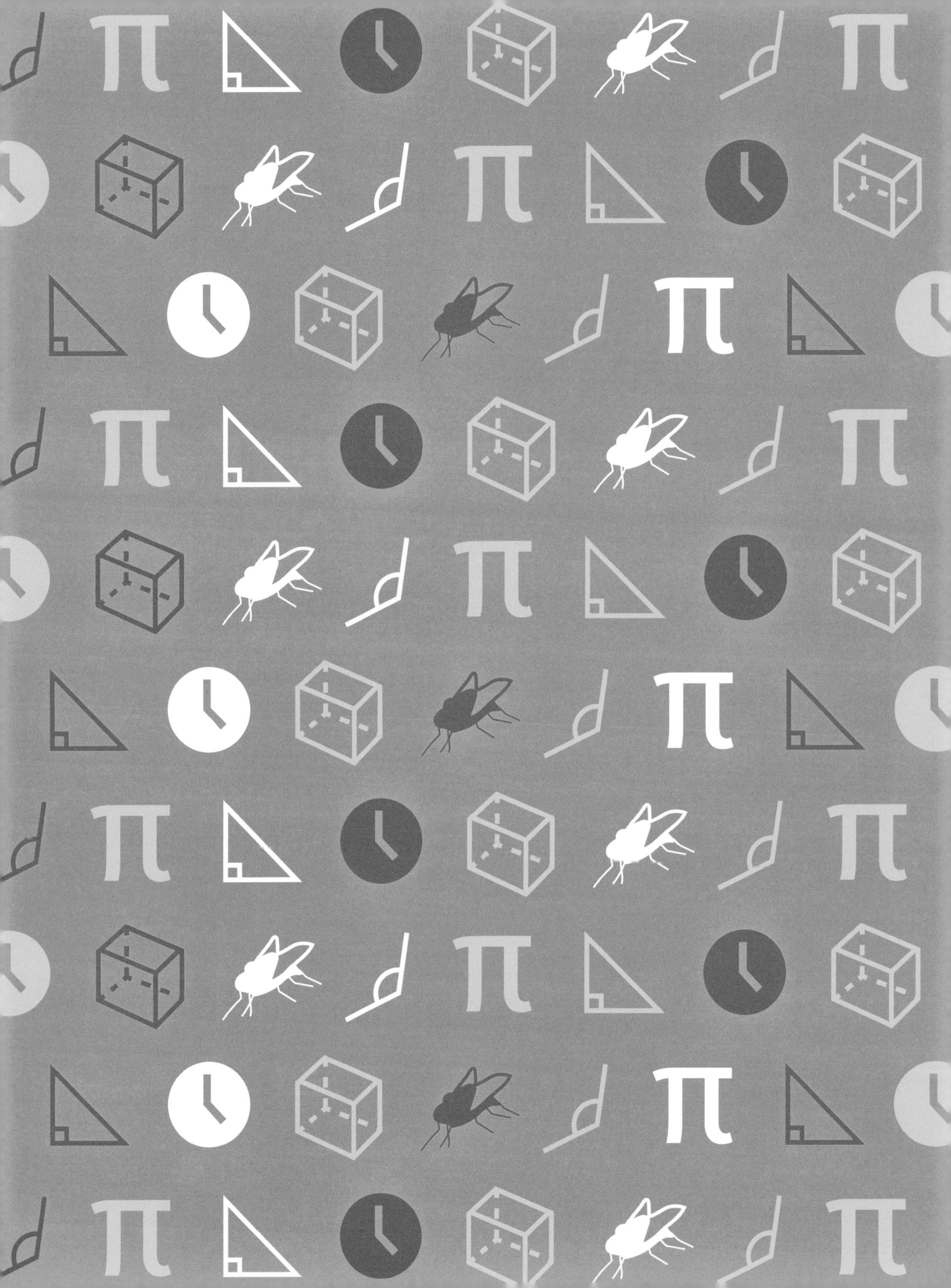

なんのためにあるの？

形と「計測する」こと

図形や空間の性質を研究する幾何学（きかがく）がなかったら、人間を取りまく世界を理解することはできない。長い歴史とともに、長さ・面積・体積の測り方はもちろん、時間の計り方だって、はるかに正確なものになってきた。でも、古代に最初に考え出された幾何学に関する考えや理論は、今でも使われているんだよ。GPSで位置をつきとめることから、美しい構造のものをつくることまで、あらゆる場面で使われているんだ。

形はどうやって決まるの？

幾何学は、図形や空間の性質を研究するもので、数学のなかでも特に古い分野だ。古代のバビロニア人やエジプト人は、4000年も前から研究していたんだよ。今使われている幾何学のおもな原理は、紀元前300年ころにギリシアの数学者ユークリッドが示したものなんだ。幾何学は、航法（目的地まで導くさまざまな方法）、建築、天文学など、さまざまな分野で重要な役割をはたしているんだよ。

ミツバチはすごい建築家？

ミツバチは、体から出す、蜜蝋というロウで、1つの部屋の断面が六角形のハニカム構造をつくり、その中で幼虫を育てたり、ハチミツや花粉をたくわえたりしている。この六角形が理想的な形なんだ。六角形どうしは、ならべたときにすき間ができず、スペースを最大限に使いながら、ロウの使用量を最小限におさえられる。ハニカムの中の動き（ハチの動きなど）や外の動き（風など）が、構造全体にまんべんなく広がるので、この構造はとっても強いんだよ。

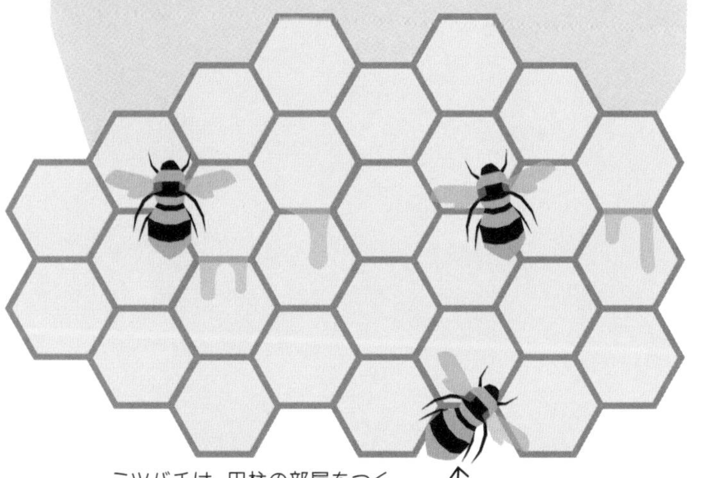

ミツバチは、円柱の部屋をつくろうとしているのに、体の熱でロウがとけて六角柱の部屋になったという説もあるんだ。

円

中心からの距離（半径）が等しい点が集まってできた平面図形（2次元の形）。

三角形

3本の直線（辺）でかこまれた平面図形。どんな三角形でも、三角形の内側にある3つの角度（内角）をたすと180°になる。

正方形

4本の直線（辺）でかこまれた平面図形（四角形）のうち、辺の長さがすべて等しく、内角がどれも90°（直角）になっているもの。

五角形

5本の直線（辺）でかこまれた平面図形。正五角形はすべての辺の長さが等しく、すべての内角が108°になっている。

球

立体空間で、中心からの距離が等しい点が集まってできた形。どこから見ても円に見える空間図形（立体。3次元の形）。

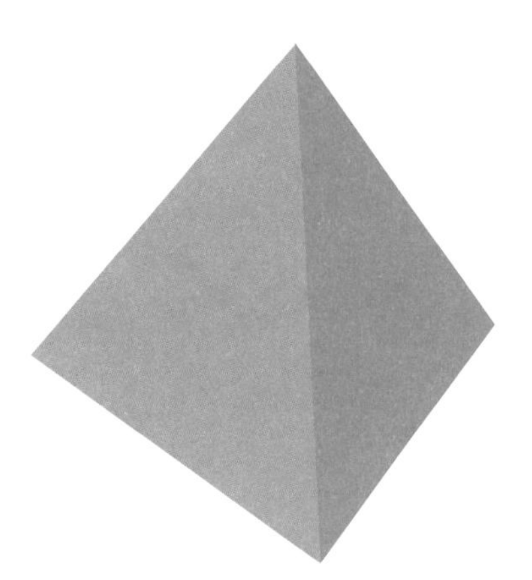

角すい

先がとがっている立体で、底面が三角形や四角形のような多角形のもの。側面は三角形になっている。

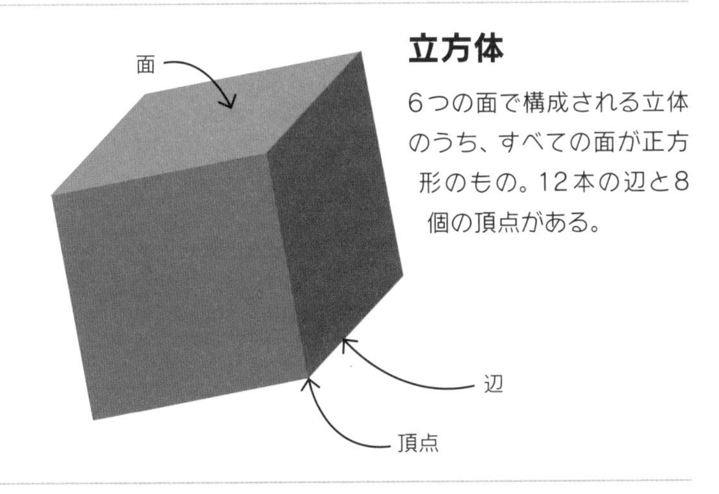

面
辺
頂点

立方体

6つの面で構成される立体のうち、すべての面が正方形のもの。12本の辺と8個の頂点がある。

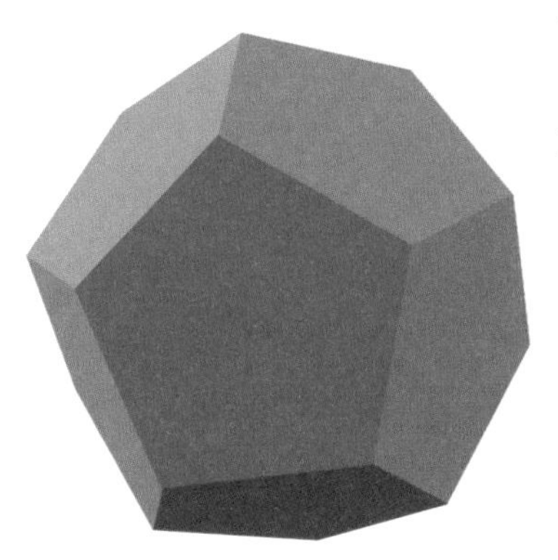

正十二面体

12枚の面で構成される立体で、すべての面が正五角形だ。30本の辺と20個の頂点がある。

ふさわしい形

幾何学は、使いみちに一番合った形を見つけるのに役立っている。立方体のボールでサッカーをしたらどうだろう？　キックもパスも大変だよ！　人間が設計したものでも、自然界で進化したものでも、きみの身のまわりにあるものの形は、すでに目的に一番ふさわしい形になっているか、または、もっとよい形に変わっていく途中の状態か、のどちらかなんだ。

きれいな模様

形を組み合わせて、すき間や重なりがないようにパターンがくり返えされることを「平面充填」というよ。平面充填は、モザイク模様など、飾りのような使いみちもあれば、かべがより安定するレンガの積み方のように実際に役立つ使いみちもあるんだよ。

鏡映対称（線対称と面対称）

ある平面図形を１本の直線で半分に分けたとき、たがいに鏡に映した形になる場合、その図形は鏡映対称（線対称）であるといい、この線を対称軸とよんでいるよ。空間図形では、1つの平面（対称面）で半分に分けたとき、たがいに鏡に映した形になる場合、鏡映対称（面対称）というんだ。このような図形には対称軸または対称面が1つまたはそれ以上あるよ。

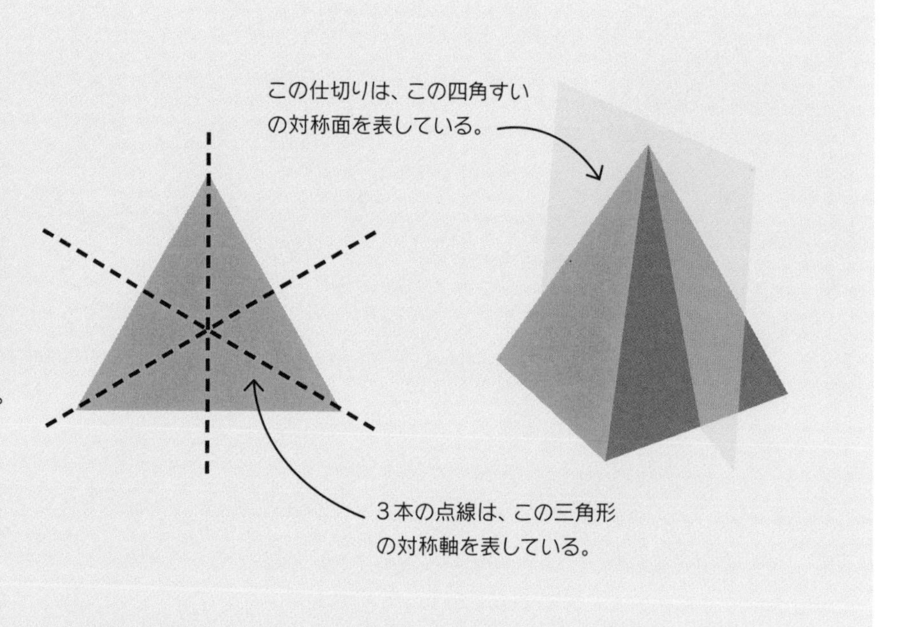
この仕切りは、この四角すいの対称面を表している。
3本の点線は、この三角形の対称軸を表している。

対称性ってどう使われているの？

平面の形や立体のものが、鏡に映したり回転させたりしても全体の形が変わらない場合、「対称性がある」というんだ。花びらから雪の結晶まで、対称性があるものは自然界のいろいろなところで見つかるよ。対称性があると、すっきりと整った感じがして、見た目が魅力的になるから、芸術家、デザイナー、建築家の人たちは、作品の要素のアイデアとして対称性をよく取り入れているんだ。

建物にみられる対称性

建築家の人たちが、できるかぎり対称性のある建物をつくりたいと考えることはよくある。インドのタージ・マハルは、正面から見ても、空から見下ろしても、完ぺきに鏡映対称になっている。建物のまわりに立つ、ミナレとよばれる４つの大きな塔が、この対称性をさらに強調しているよ。

回転対称

動かない点や軸を中心に図形をいくらか回転させたとき、同じ形に見えることがある場合、それは「回転対称」の図形だ。平面図形の場合、対称の中心（対称点）のまわりを回転するので、「点対称」ともいうよ。空間図形の場合、中心を通る軸（対称軸）のまわりを回転する。360°回転する間に同じ形に見える回数を位数（いすう）というんだ。

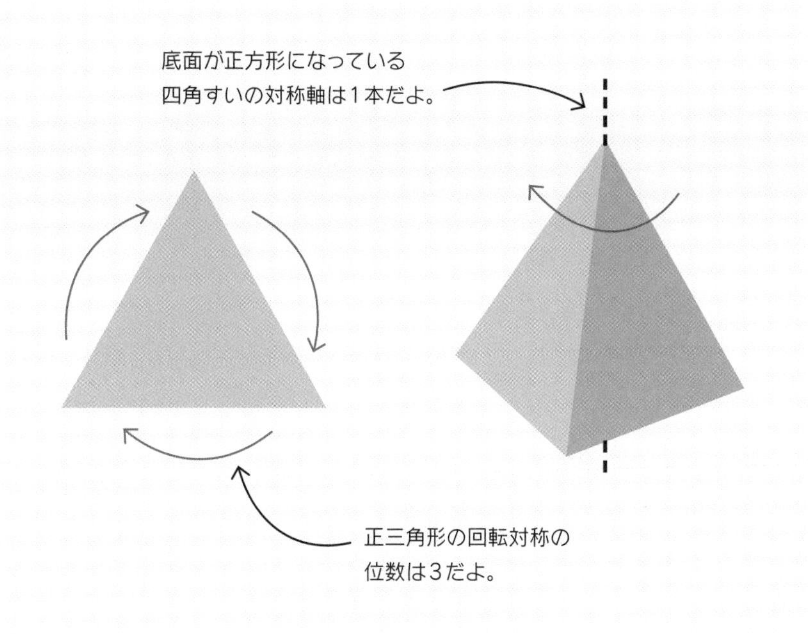
底面が正方形になっている
四角すいの対称軸は1本だよ。
正三角形の回転対称の
位数は3だよ。

自然界でみられる対称性

自然界は、対称性のあるものでいっぱいだ。人間の体だって、左右がほぼ対称になっているよね。水の分子がこおって雪になるときも、六方晶系という、位数6の回転対称性をもつ氷の結晶になる。ヒトデの体は、位数5の回転対称性があって、いろいろな方向に動くことができるから、食べ物をかんたんに見つけたり、敵からにげたりできるよ。でも、シオマネキというカニの体は対称性がない。この体の形には対称面がないんだ。

ねえ、知ってる？

無限の対称性

円と球は、無限（p.76〜77を見てね）の鏡映対称性と無限の回転対称性があるんだよ。だから、この2つは完ぺきな対称性のある形なんだ。

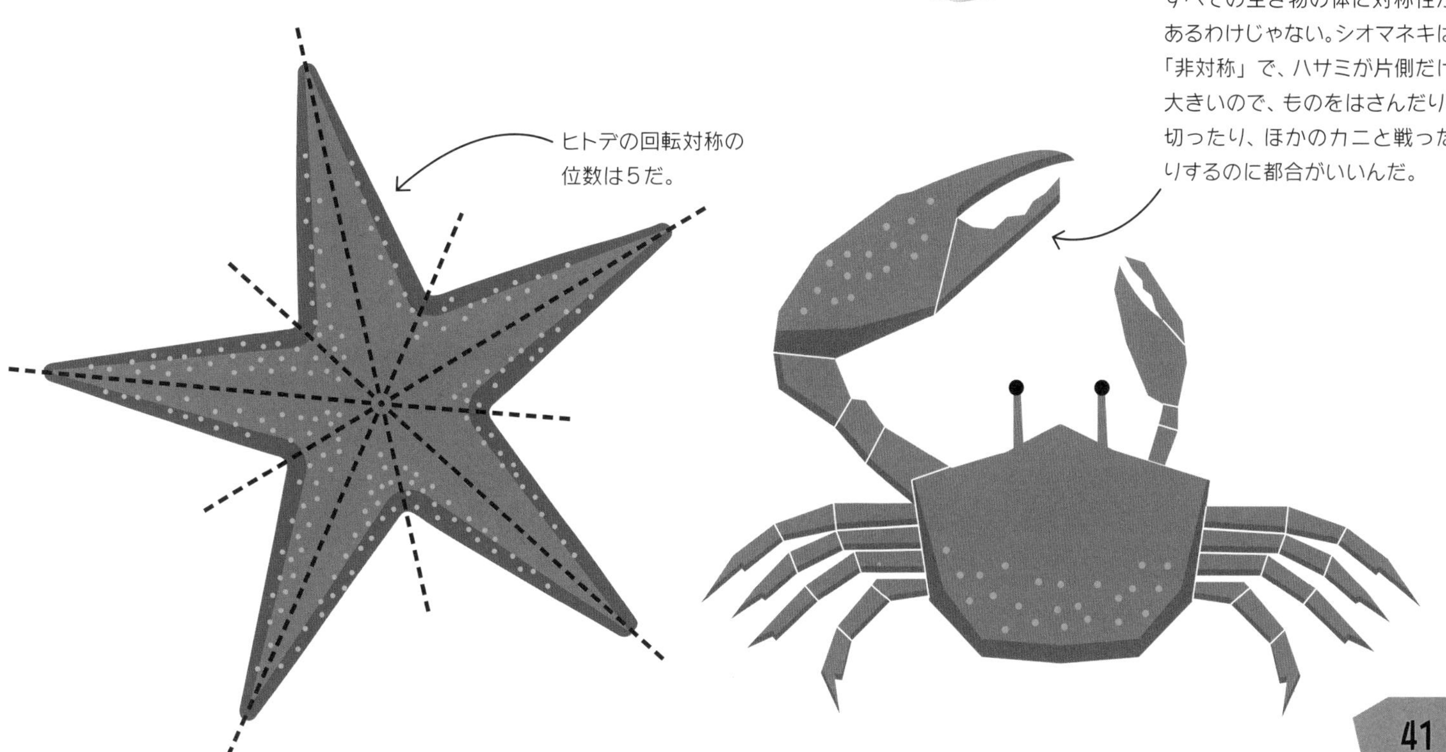
ヒトデの回転対称の
位数は5だ。
すべての生き物の体に対称性が
あるわけじゃない。シオマネキは
「非対称」で、ハサミが片側だけ
大きいので、ものをはさんだり、
切ったり、ほかのカニと戦った
りするのに都合がいいんだ。

ピラミッドはどうやって測ったの？

巻尺を全部のばしても届かないくらい背の高いものを、きみならどうやって測る？答えは、直角三角形を使うこと——なんと、これは何千年も前に発見されたやり方なんだ。エジプトにある大ピラミッドは、230万個以上の石のブロックでつくられ、ものすごく巨大(きょだい)だ。紀元前600年ころ、そこを訪れた古代ギリシアの数学者タレスが、エジプトの聖職者に大ピラミッドの高さを聞いたとき、だれも答えられなかった。そこで、タレスは自分で計算しようと思ったんだ。

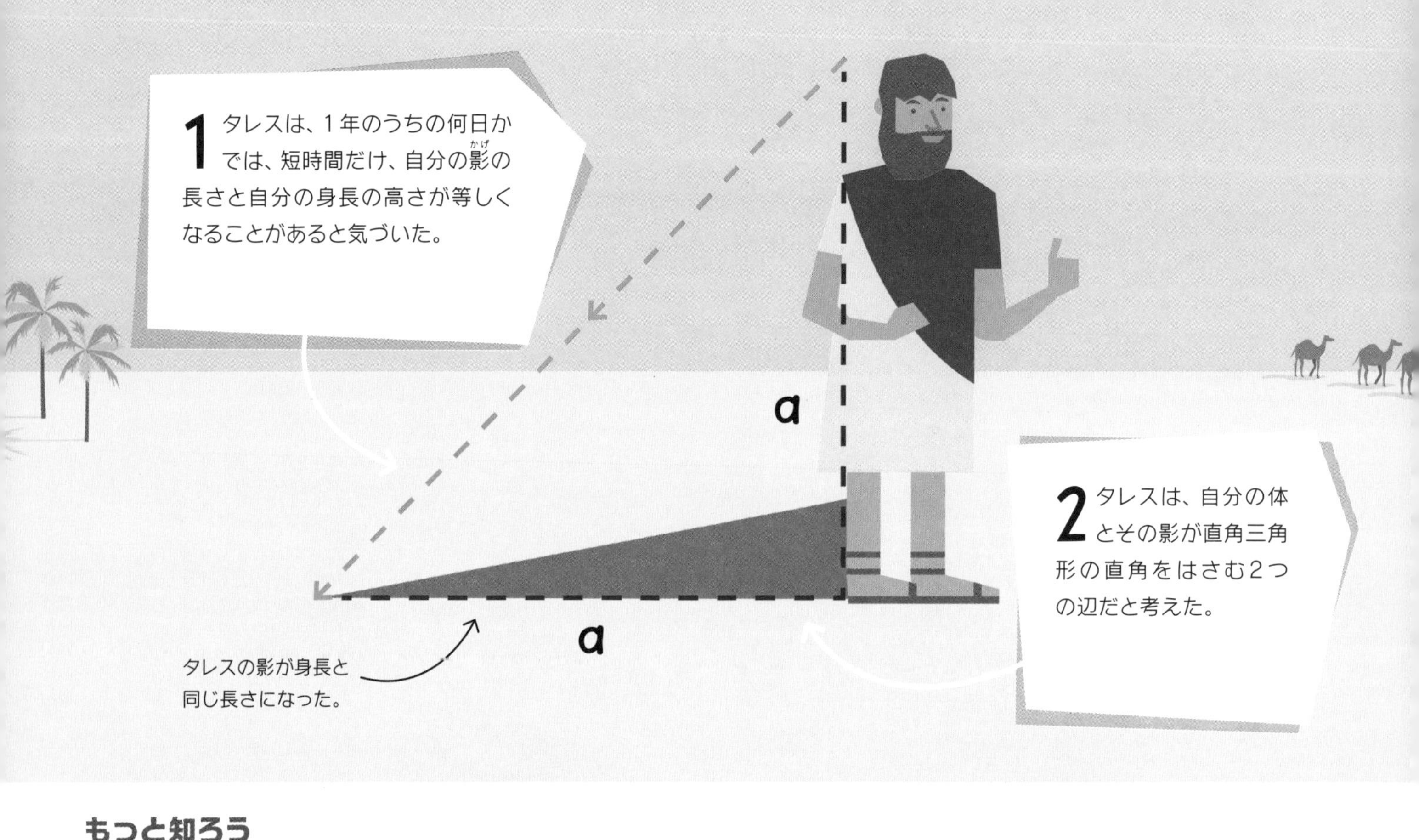
1 タレスは、1年のうちの何日かでは、短時間だけ、自分の影(かげ)の長さと自分の身長の高さが等しくなることがあると気づいた。
a
a
2 タレスは、自分の体とその影が直角三角形の直角をはさむ2つの辺だと考えた。
タレスの影が身長と同じ長さになった。

もっと知ろう

直角二等辺三角形

タレスがうまくいったのは、太陽の角度、タレスの体、その影によって、直角三角形ができたからだ。直角三角形は、1つの角が90°（直角）で、ほかの2つの角の合計が90°になる。さらに、三角形の2つの角が等しい場合、2つの辺も等しくなる。タレスが想像したのはこの両方の性質をもつ直角二等辺三角形だったんだ。

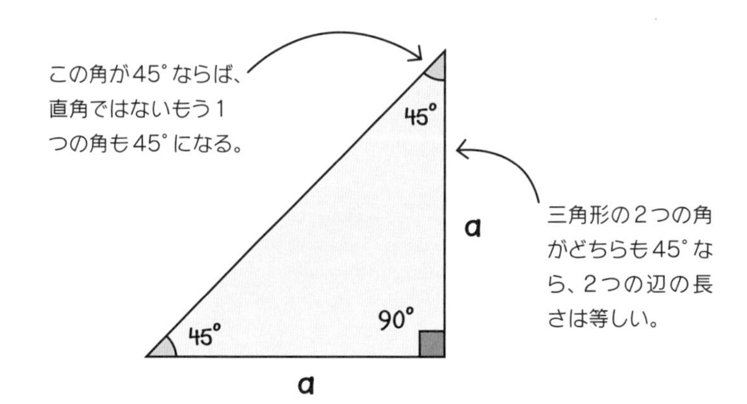
この角が45°ならば、直角ではないもう1つの角も45°になる。
45°
a
三角形の2つの角がどちらも45°なら、2つの辺の長さは等しい。
90°
45°
a

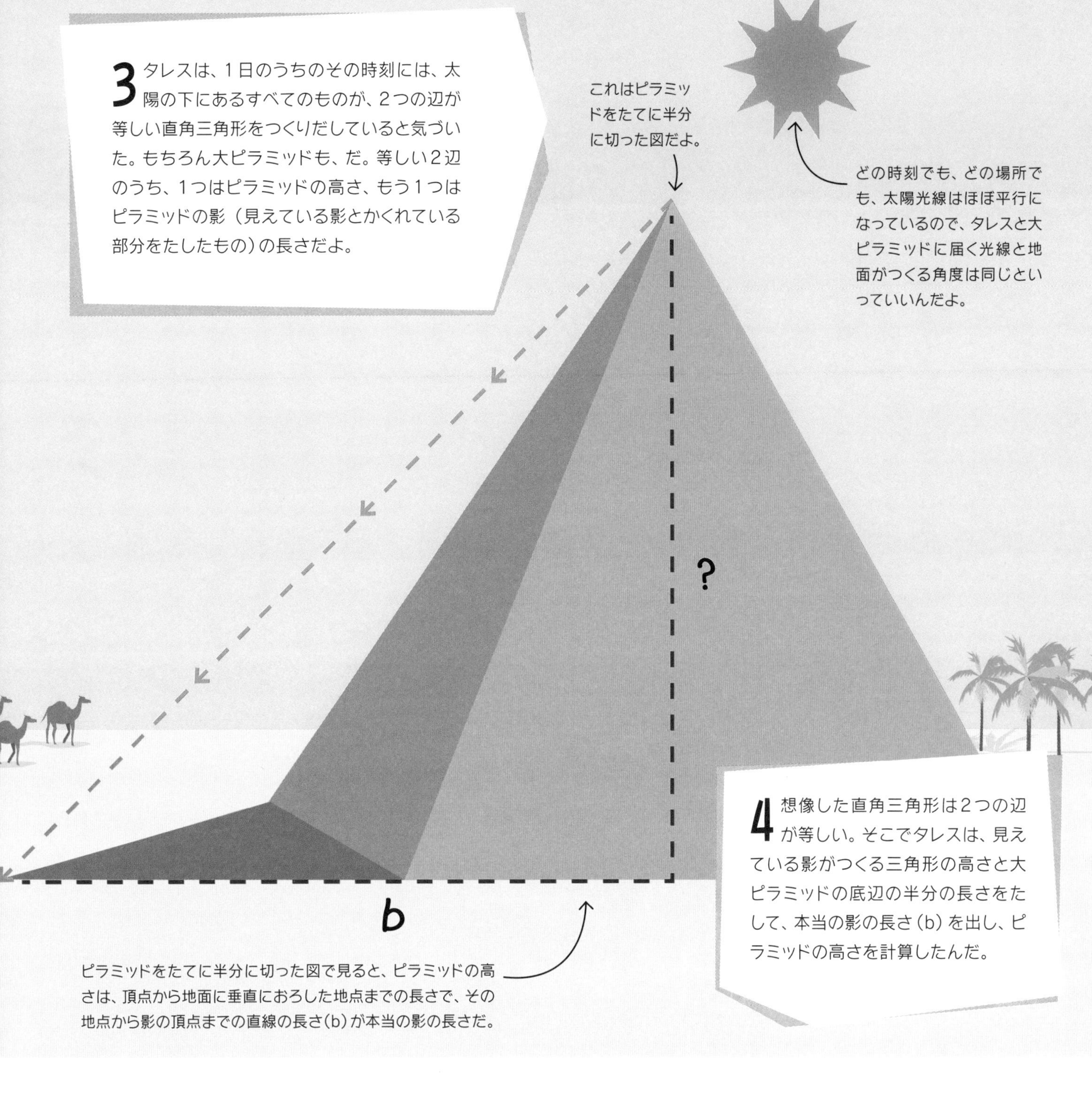
3 タレスは、1日のうちのその時刻には、太陽の下にあるすべてのものが、2つの辺が等しい直角三角形をつくりだしていると気づいた。もちろん大ピラミッドも、だ。等しい2辺のうち、1つはピラミッドの高さ、もう1つはピラミッドの影（見えている影とかくれている部分をたしたもの）の長さだよ。
これはピラミッドをたてに半分に切った図だよ。
どの時刻でも、どの場所でも、太陽光線はほぼ平行になっているので、タレスと大ピラミッドに届く光線と地面がつくる角度は同じといっていいんだよ。
?
b
ピラミッドをたてに半分に切った図で見ると、ピラミッドの高さは、頂点から地面に垂直におろした地点までの長さで、その地点から影の頂点までの直線の長さ(b)が本当の影の長さだ。
4 想像した直角三角形は2つの辺が等しい。そこでタレスは、見えている影がつくる三角形の高さと大ピラミッドの底辺の半分の長さをたして、本当の影の長さ(b)を出し、ピラミッドの高さを計算したんだ。

地面との角度が45°の位置から太陽が照らすことで、三角形の3番目の辺ができるとき、タレスはほかの2つの辺の長さ(a)が等しいことを知っていた。つまり、できた影の長さはタレスの背の高さと等しくなる。また、ピラミッドとその影も同じようになることもわかっていた。ただ、見えている影の長さとかくれた部分（ピラミッドの底辺の半分の長さ）をたす必要があった。この長さが146.5メートルだったから、ピラミッドの高さは146.5メートルだとわかったんだ。

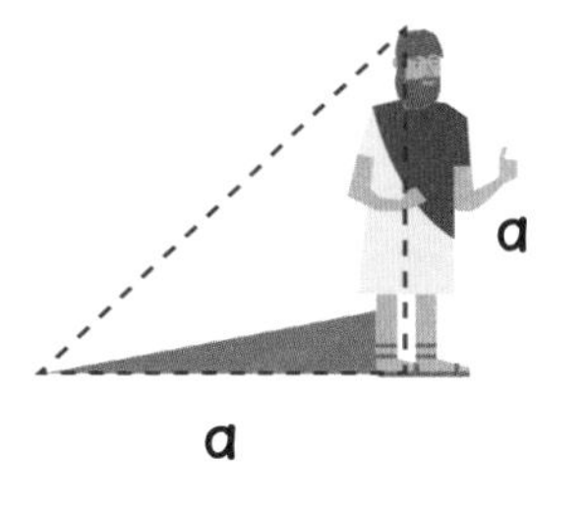
a
a

身長とその影の長さが等しいなら…

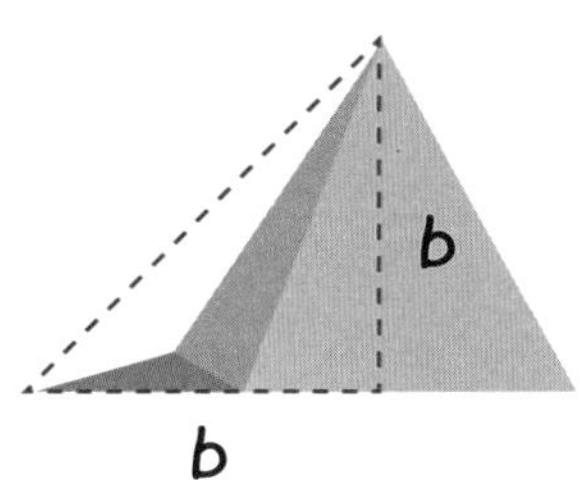
b
b

ピラミッドの高さとその影の長さも等しくなる。

相似な三角形

その後、別のギリシアの数学者ヒッパルコスが、タレスのアイデアをさらに発展させた。直角三角形であれば、二等辺三角形でなくても、つまり直角ではない2つの角がどんな角度でも、物を測ることに利用できると気づいたんだ。ヒッパルコスが大ピラミッドを訪れたら、その影を自分の影と比較する方法で、どの時刻でもその高さが測定できただろう。これは、人間とその影、測りたいものとその影がそれぞれつくる三角形どうしが「相似」になっているからなんだ。角度や辺の長さの比率がまったく同じで、大きさだけがちがうことを「相似」というんだよ。

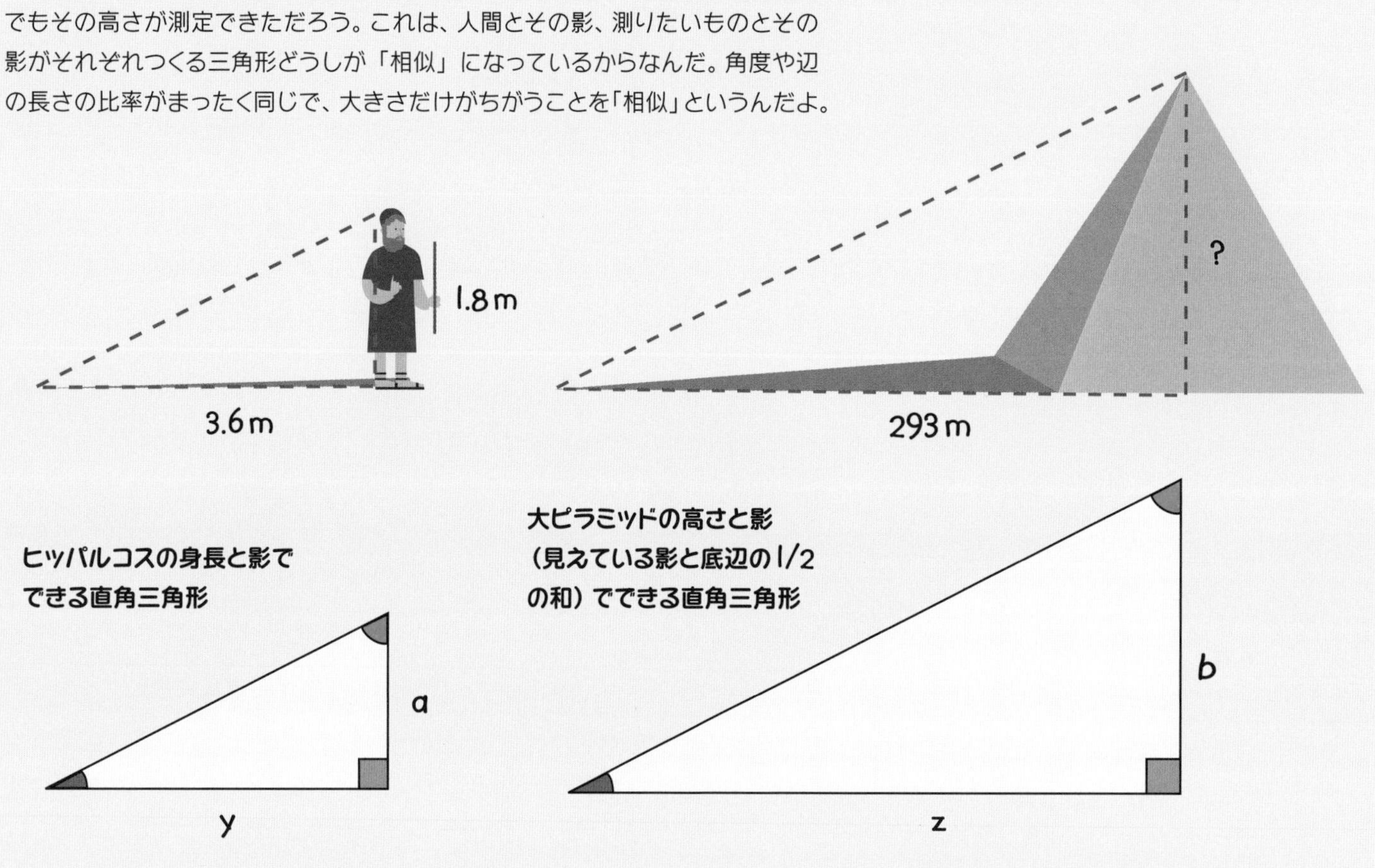
1.8m
3.6m
?
293m
ヒッパルコスの身長と影でできる直角三角形
a
y
大ピラミッドの高さと影（見えている影と底辺の1/2の和）でできる直角三角形
b
z

ヒッパルコスとピラミッドがそれぞれつくる2つの三角形は相似なので、一方の高さがわかれば、もう一方の高さを計算することができる。

ピラミッドの高さは、公式を使って計算できる。この式は、ヒッパルコスの背の高さ(a)をその影の長さ(y)で割った値が、同じ時刻の大ピラミッドの高さ（b）をその影の長さ（z）（見えている影の長さと底辺の1／2の和）で割った値と同じであることを示しているよ。

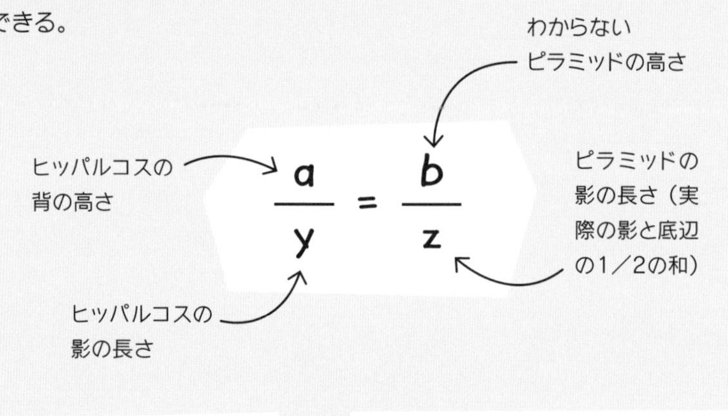
わからない
ピラミッドの高さ
ヒッパルコスの
背の高さ
a/y = b/z
ピラミッドの
影の長さ（実
際の影と底辺
の1／2の和）
ヒッパルコスの
影の長さ

この方程式は、わからない長さb（ピラミッドの高さ）を求めるために、等式の性質にしたがって文字をならべなおすことができるんだ。bを計算するには、a（人の身長）をy（人の影）で割り、次にz（ピラミッドの影とその底辺の1／2の和）をかける必要がある。

$$\frac{a}{y} \times z = b$$

$$\frac{1.8}{3.6} \times 293 = 146.5\,\mathrm{m}$$

これがピラミッドの高さだ。

ホントの話

携帯電話の三角測量

三角形は現在でも距離を測るのに使われている。「三角測量」を使った複数基地局測位方式やGPSで、携帯電話の位置は正確にわかる。たとえば、基地局1つでは、きみの電話までの距離はわかっても、正確な位置まではわからない。でも、3つの基地局がきみとの距離を測れば、各基地局を中心にその距離を半径とした円を描き、3つの円が重なる部分にきみがいるとわかるんだ。GPSは、基地局の代わりに人工衛星を使っているんだよ。

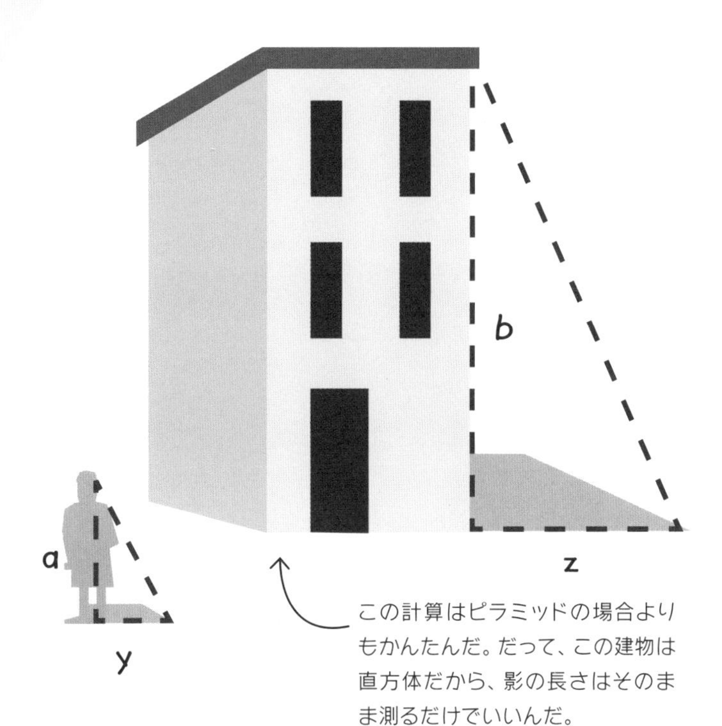

b
a
z
y

この計算はピラミッドの場合よりもかんたんだ。だって、この建物は直方体だから、影の長さはそのまま測るだけでいいんだ。

やってみよう

きみの学校を測ってみよう

よく晴れた日に、きみの学校の校舎がつくる影の長さが4メートルで、まっすぐに立ったきみの影の長さが0.5メートルだったとするよ。きみの身長が1.5メートルだったら、校舎の高さは何メートルだろう?

3つの数を公式に当てはめてみよう。

$$b = \frac{a}{y} \times z = \frac{1.5}{0.5} \times 4 = 12\text{m}$$

これで校舎の高さは12メートルだとわかる。

今から（太陽の光がしっかりとさしていたら)、きみの家の高さを測ってごらん

ねえ、知ってる?

三角形を使って測る方法

ヒッパルコスは、すぐれた地理学者・天文学者・数学者で、「三角法の父」とよばれている。三角法は、三角形を使って長さや量を測ることを研究する数学の一つの分野なんだ。現在では、建物の設計から宇宙飛行まで、さまざまなことに三角法が使われているんだよ。

広い土地はどうやって測ったの？

古代エジプトでは、毎年、ナイル川が氾濫して、農民の土地に水があふれ、土地の境界線が流されてわからなくなっていた。農民たちは、それぞれが氾濫前に与えられていたのと同じ広さの土地を測りなおす方法を見つける必要にせまられた――でも、いったいどうやって測ったと思う？

1 ナイル川は古代エジプト人の生活の中心だった。川の水があふれると、栄養分をたくさんふくんだ土砂が運ばれ、農民の土地を豊かにしてくれた。でも、そのたびに、どこまでがだれの土地かわからなくなって困っていたんだ。

もっと知ろう

面積の求め方

ロープを引っ張って、基本となる直角三角形をつくることによって、古代エジプト人たちは、農地を測ることができた。この方法のおかげで測量が正確になったんだ。

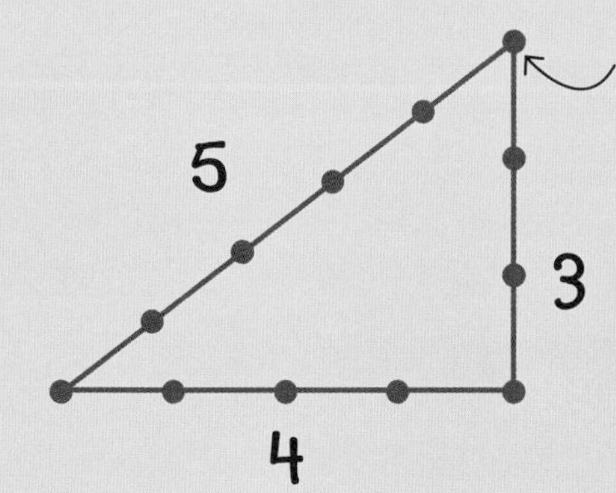
5
3
4

目もりの代わりになる結び目を使ったので、測量がより正確になったよ。

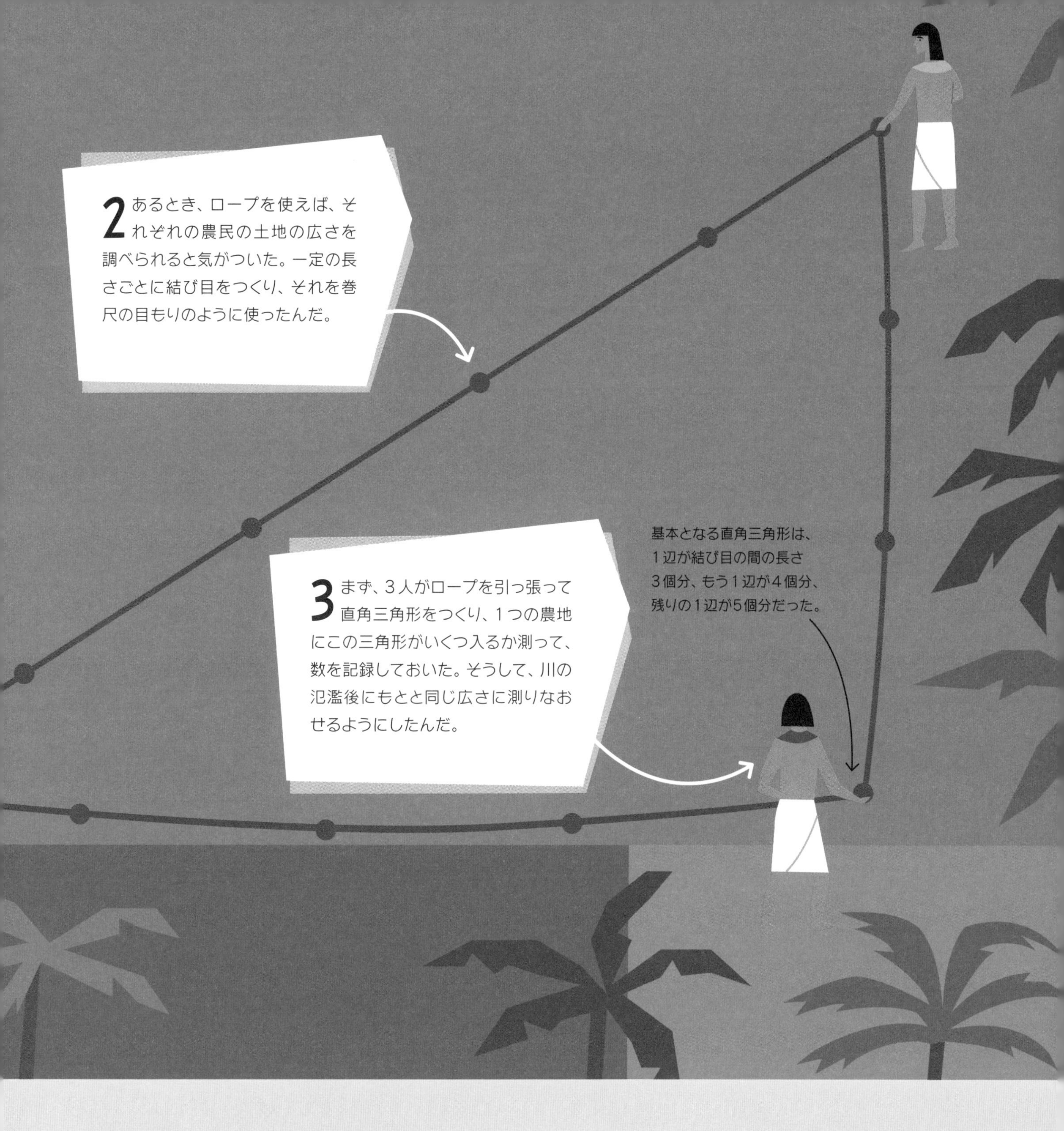
2 あるとき、ロープを使えば、それぞれの農民の土地の広さを調べられると気がついた。一定の長さごとに結び目をつくり、それを巻尺の目もりのように使ったんだ。
3 まず、3人がロープを引っ張って直角三角形をつくり、1つの農地にこの三角形がいくつ入るか測って、数を記録しておいた。そうして、川の氾濫後にもとと同じ広さに測りなおせるようにしたんだ。
基本となる直角三角形は、1辺が結び目の間の長さ3個分、もう1辺が4個分、残りの1辺が5個分だった。

古代エジプト人は三角形の面積の求め方を知っていた。「底辺の長さに高さをかけて、その答えを2で割る」という計算だよ。結び目の間をマス目の1辺として考えると：

この三角形の面積 $= \dfrac{4 \times 3}{2} = 6$ **（マス分）**

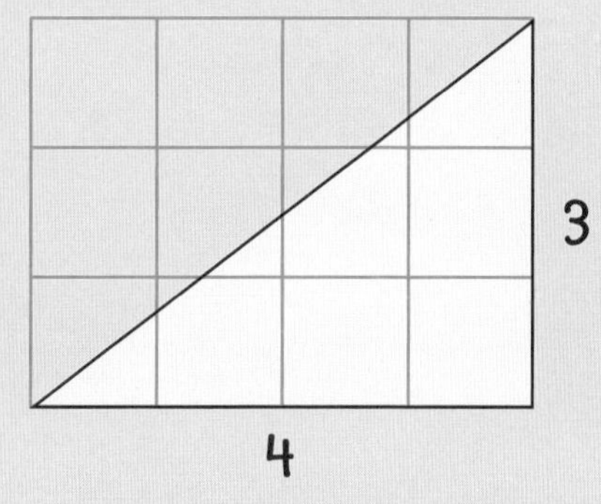
3
4

この三角形は6マス分の広さだとわかっているので、川の氾濫のあと、もとの数の分だけ三角形をつなぎ合わせることで、同じ広さの土地を測りなおせたんだよ。

三角形と長方形

長方形の面積は、横（底辺）とたて（高さ）の辺の長さをかけることで計算できる。この長方形と、底辺と高さの長さが同じ三角形の場合、面積はその長方形の半分になるんだ。

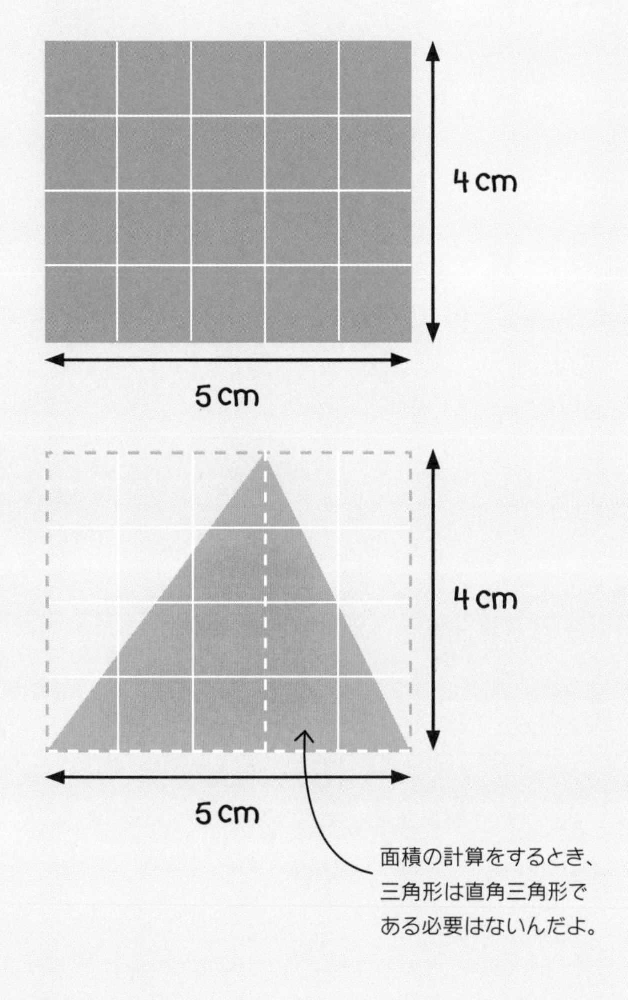

4cm
5cm
4cm
5cm
面積の計算をするとき、
三角形は直角三角形で
ある必要はないんだよ。

長方形の面積 ＝ 横（底辺）× たて（高さ）

$$5 \times 4 = 20\ (cm^2)$$

三角形の面積 ＝ $\frac{(底辺 \times 高さ)}{2}$

$$\frac{5 \times 4}{2} = 10\ (cm^2)$$

平行四辺形

平行四辺形とは、２組の向かい合う辺がそれぞれ平行な四角形のことだ。平行四辺形の面積を求めるには、底辺に高さをかける。底辺と高さが同じ長方形や正方形と面積が同じになるんだよ。

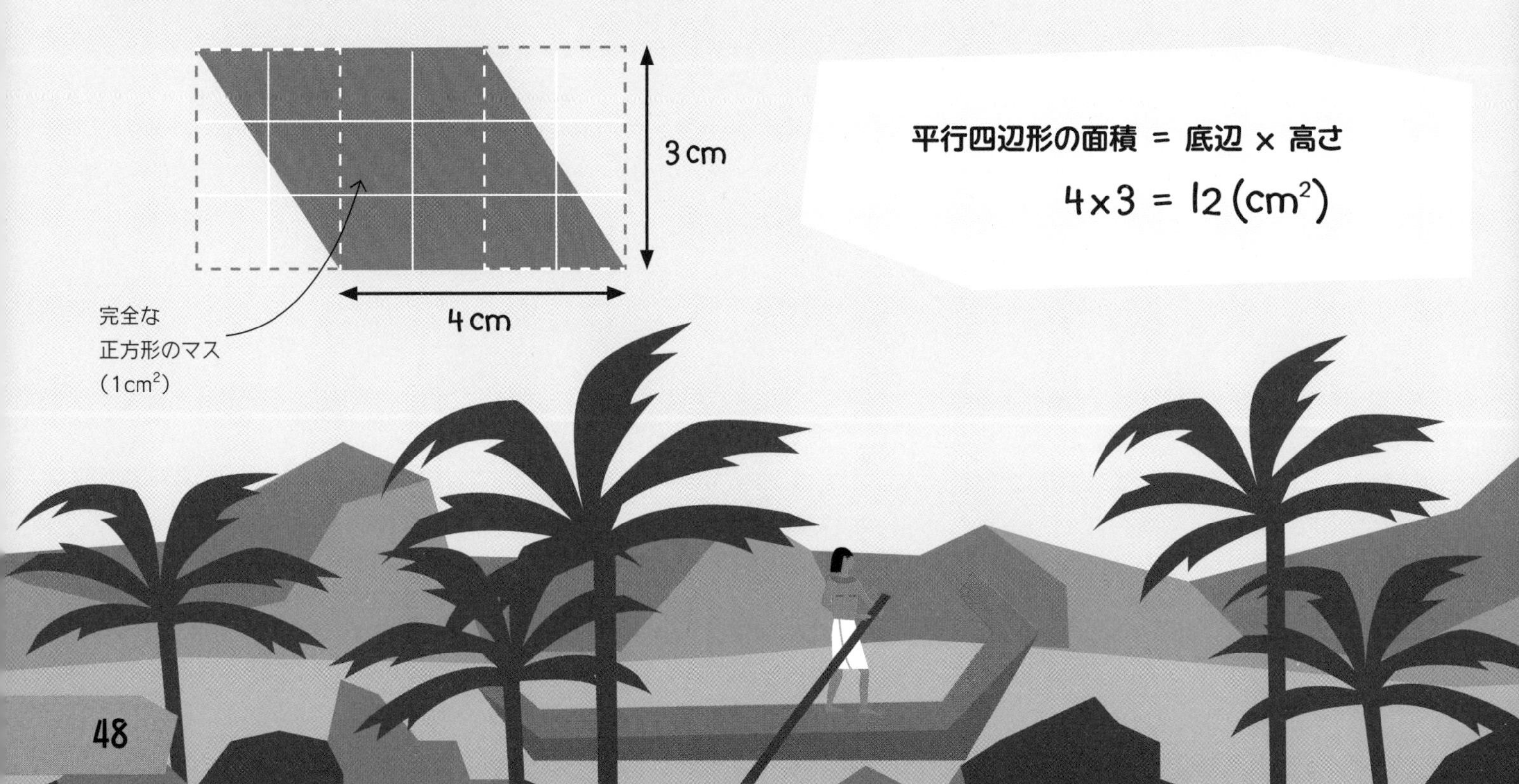

3cm
4cm
完全な
正方形のマス
（1cm²）

平行四辺形の面積 ＝ 底辺 × 高さ

$$4 \times 3 = 12\ (cm^2)$$

不規則な形の面積の見積もり

三角形や長方形よりも、もっと複雑な形の面積を求めなければならないとき、きみならどうする？　もし、まわりが直線でできた形だったら、古代エジプト人の直角三角形のように、面積がわかる形に分けて、それぞれの面積をたし合わせればわかるよね。もし、まわりが曲線でできた形だったら、その形とほぼ同じ大きさの長方形を重ねて描くと、だいたいの面積を見積もることができるよ。

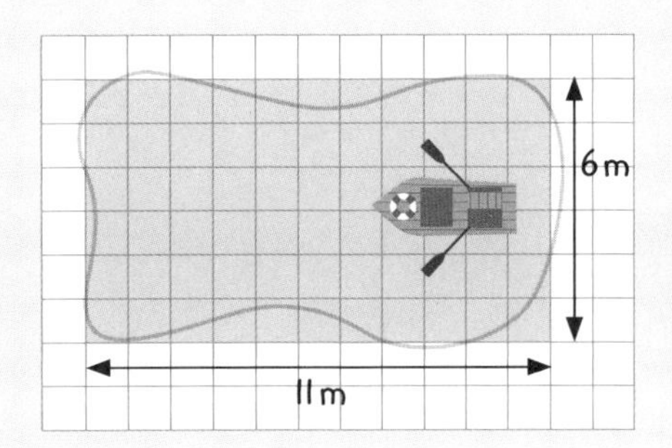

6m
11m

面積 $= 11 \times 6$
$= 66\ (m^2)$

より正確に見積もるには、完全な正方形のマス（$1m^2$）の数と、一部が欠けているマスの数を数えて計算するといいよ。

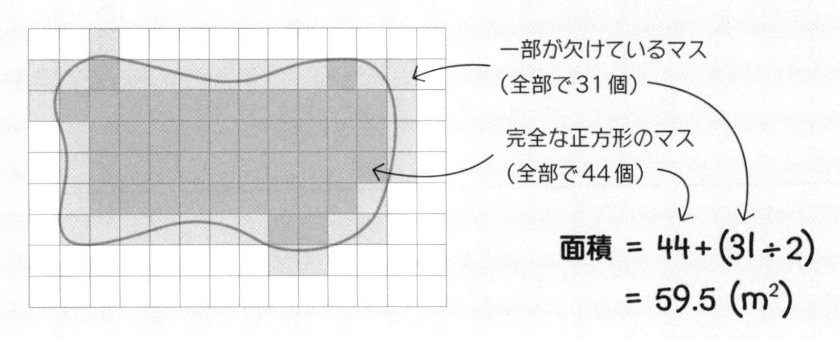

一部が欠けているマス
（全部で31個）
完全な正方形のマス
（全部で44個）

面積 $= 44 + (31 \div 2)$
$= 59.5\ (m^2)$

やってみよう

へんな形の部屋の面積

変わった形の大きな部屋に敷きつめる、カーペットの値段の計算をたのまれたよ。形と大きさは右の図の通りだ。1平方メートルあたり2000円のカーペットを使うとしたら、全部でいくらかかるだろう。

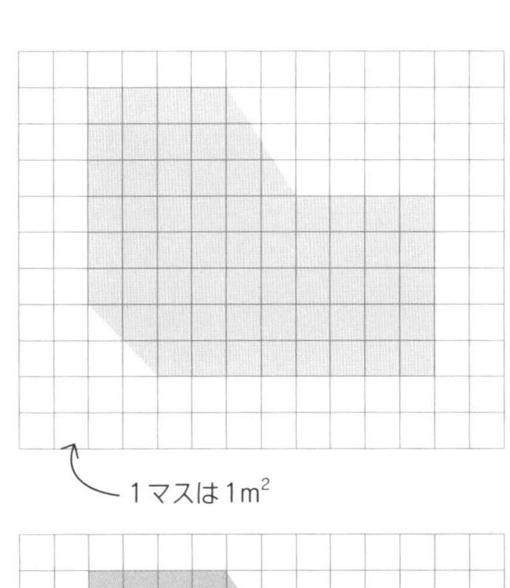

1マスは$1m^2$

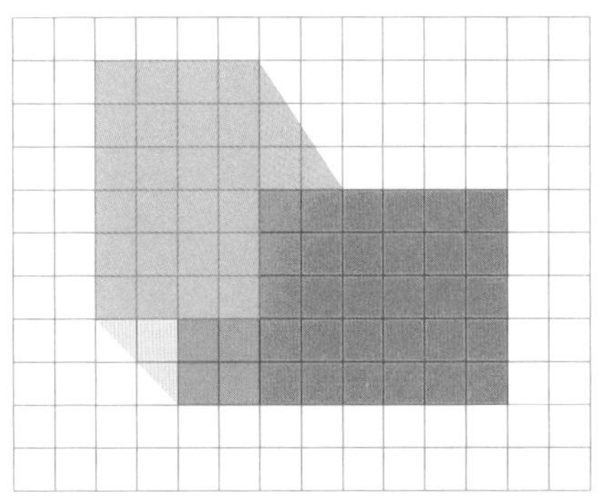

もっとかんたんな形に分けて、それぞれの面積を計算してみよう。

緑色の三角形	＝2×3×½	＝3
黄色の三角形	＝2×2×½	＝2
オレンジ色の長方形	＝6×5	＝30
青色の長方形	＝4×6	＝24
ピンク色の正方形	＝2×2	＝4

全部を合わせた面積　＝63（m^2）

カーペットにかかる金額

＝63（m^2）×2000（円）　**＝126000（円）**

今度は、きみの部屋の面積を測ってみよう。そして、1平方メートルあたりの値段が2000円のカーペットを敷きつめるとしたら、全部でいくらかかるか計算してみて！

地球の大きさはどうやってわかったの？

紀元前240年ころ、エラトステネスという学者が、井戸の底の水面で太陽の光が年に1度だけ反射する話を読んだ。そこで、同じ日時の場合、世界のさまざまな場所で太陽光線が当たる角度にちがいがあるのか、と考え始めたんだ。そして、たった2つの情報だけで、地球一周の長さがわかると気がついた。驚いたことに、現代のハイテク機器が発明される何千年も前に、エラトステネスは、かなり正確に地球の大きさを計算したんだよ。

1 すぐれた数学者で学者だったエラトステネスは、エジプトのアレクサンドリアという都市の有名な図書館の館長でもあった。そしてある日、その国の南部で毎年一瞬だけ起こる、奇妙なできごとについて書かれた書物を読んだんだ。

2 昼間の時間が最も長い日（夏至）の正午、シエネの町では、太陽光線が深い井戸の底にある水に直接当たり、まっすぐ上向きに反射した。そのとき、太陽は真上にあった。

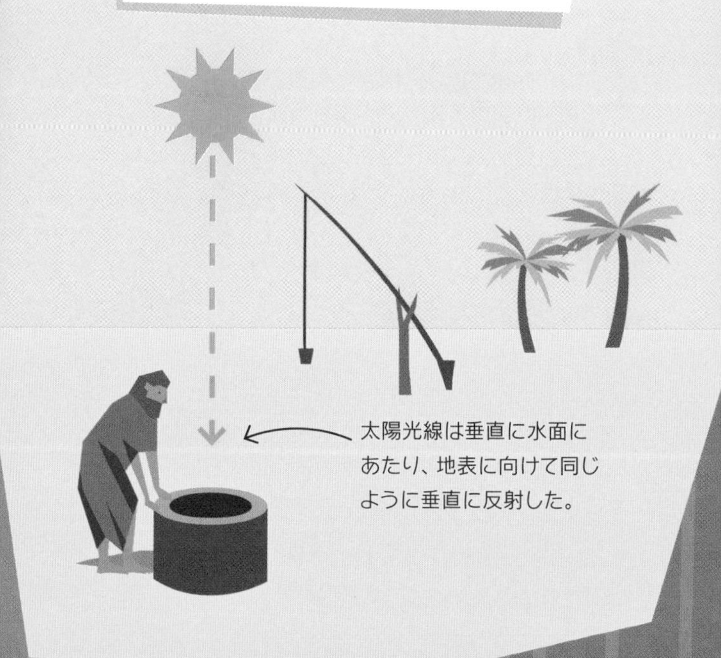
太陽光線は垂直に水面にあたり、地表に向けて同じように垂直に反射した。

3 エラトステネスは考えた――そのとき、太陽の光はアレクサンドリアの家でも垂直に反射するのだろうか、と。そこで夏至の日に、地面に背の高い棒を立て、正午になるのを待った。その棒にはわずかに影ができた。つまり、光がななめに地面に当たったということだ。

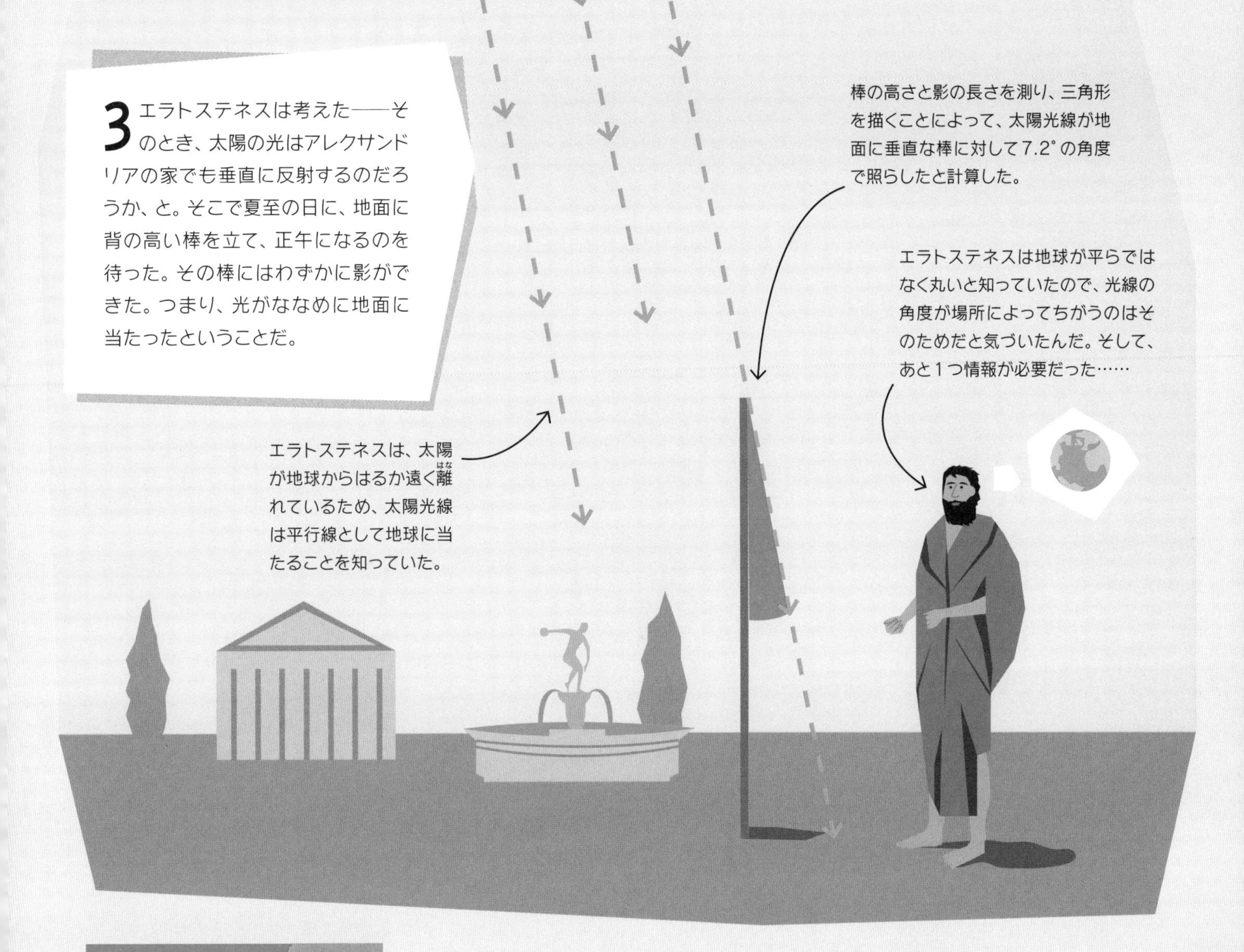
棒の高さと影の長さを測り、三角形を描くことによって、太陽光線が地面に垂直な棒に対して7.2°の角度で照らしたと計算した。
エラトステネスは地球が平らではなく丸いと知っていたので、光線の角度が場所によってちがうのはそのためだと気づいたんだ。そして、あと1つ情報が必要だった……
エラトステネスは、太陽が地球からはるか遠く離れているため、太陽光線は平行線として地球に当たることを知っていた。

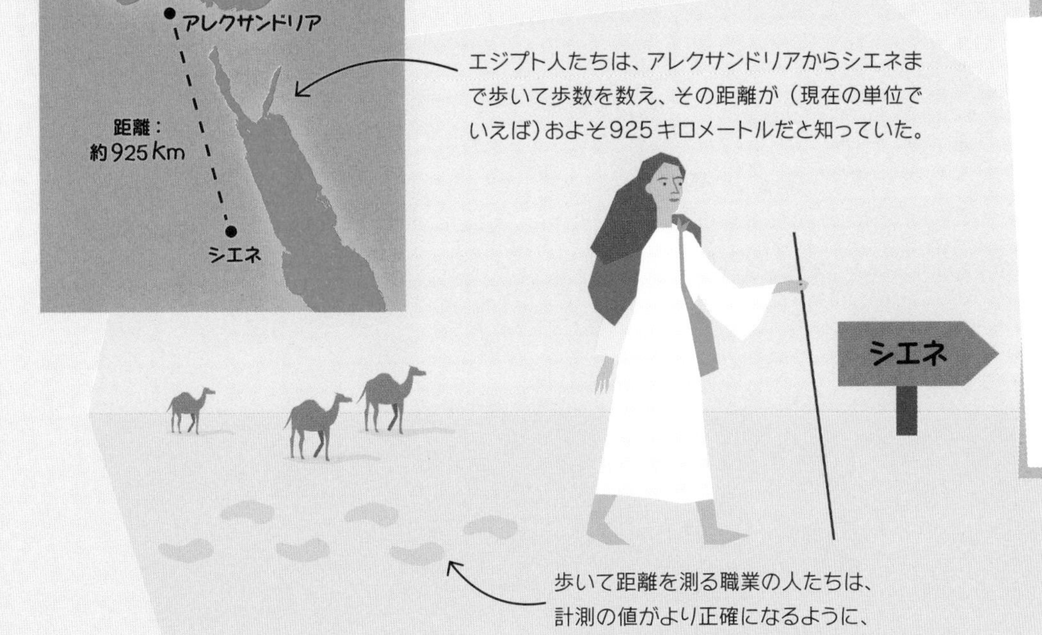
アレクサンドリア
距離：
約925Km
シエネ
エジプト人たちは、アレクサンドリアからシエネまで歩いて歩数を数え、その距離が（現在の単位でいえば）およそ925キロメートルだと知っていた。
シエネ
歩いて距離を測る職業の人たちは、計測の値がより正確になるように、歩幅がいつも同じになるように歩いた。

4 古代エジプトでは、ある場所から別の場所まで歩いて距離を測る職業の人がいた。これを利用してアレクサンドリアからシエネまでの距離を知り、地球の周囲を計算するのに必要な情報がそろった……（次のページにつづく）

もっと知ろう

角度とおうぎ形

エラトステネスは自分の測定値と、角度とおうぎ形の知識を利用して、地球一周の長さを計算することができたんだよ。

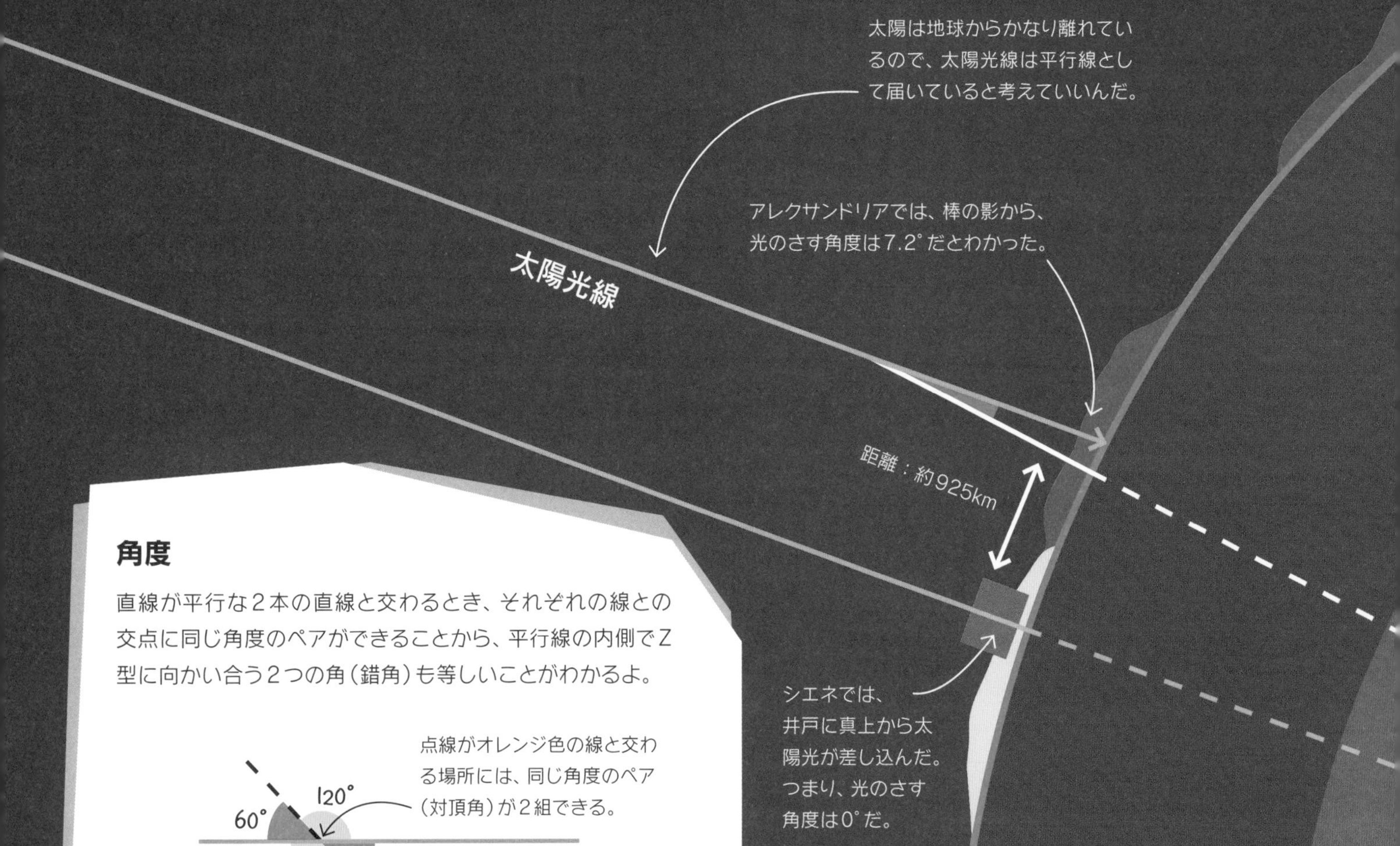

太陽は地球からかなり離れているので、太陽光線は平行線として届いていると考えていいんだ。

太陽光線

アレクサンドリアでは、棒の影から、光のさす角度は7.2°だとわかった。

距離：約925km

シエネでは、井戸に真上から太陽光が差し込んだ。つまり、光のさす角度は0°だ。

角度

直線が平行な2本の直線と交わるとき、それぞれの線との交点に同じ角度のペアができることから、平行線の内側でZ型に向かい合う2つの角（錯角）も等しいことがわかるよ。

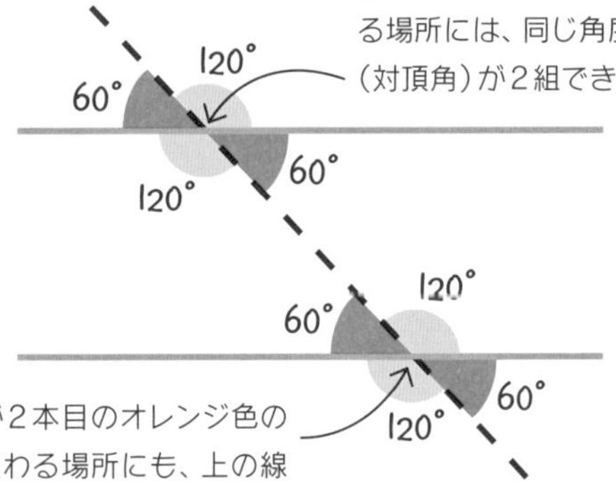

点線がオレンジ色の線と交わる場所には、同じ角度のペア（対頂角）が2組できる。

60°
120°
60°
120°
60°
120°
60°
120°

点線が2本目のオレンジ色の線と交わる場所にも、上の線とまったく同じ角度ができる。

エラトステネスは、アレクサンドリアで立てた棒とシエネの井戸を通過した光線、つまり、2つの地点の地面に垂直な線をのばした線を想像した。これらは地球の中心で7.2°で交差する。この角度は棒を通過した太陽光線がさす角度7.2°と錯角の関係なので等しいからだ。

おうぎ形

おうぎ形は、円の中心から広がる２本の直線と、その間にある円周の一部（円弧）に囲まれた、円の一部だ。切り分けたピザの形を想像してみて！　おうぎ形（つまり、１きれのピザ）の大きさは、完全な円（円形のピザ丸ごと）のうち、どれくらいの角度の分だったかでわかるんだ。

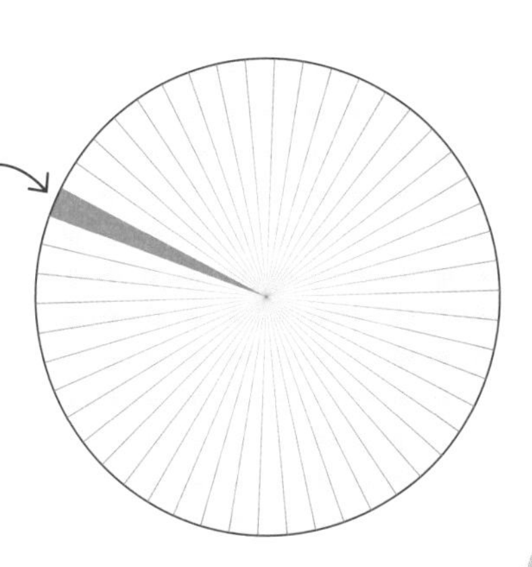

円弧（ここでは、地表の２つの地点の間の距離）と２つの地点から地球の中心までのばした直線でおうぎ形ができている。

地球の大きさを計算する

エラトステネスは、地球は球で、地球を一まわりする形は円（中心角は360°）になることを知っていた。この地球一周の長さを調べるには、アレクサンドリアからシエネまでの距離が、地球一周の長さに対してどのくらいの割合であるかを計算する必要があった。そのため、360°を7.2°で割ったんだ。

$$360 \div 7.2 = 50$$

つまり、２つの地点の距離は、地球全体の50分の１だということがわかった。実際の距離は約925キロメートルだったので、この距離を50倍したんだ。

$$925\,(\mathrm{km}) \times 50 = 46{,}250\,(\mathrm{km})$$

技術と数学のおかげで、現在、地球一周の長さの正確な値は40,075キロメートルだとわかっている。誤差は15％ほどだから、歩いて距離を測っていた時代としては、エラトステネスの値はかなり正確だよ！

エラトステネスは、地球の中心までのびる２本の線を想像した。この２本はだんだんと近づいていく。

地球の中心で２本の直線は交わり、その間の角度（中心角）は7.2°で、アレクサンドリアで棒に降り注いだ太陽光線の角度と同じになる。

地球の断面図

円周率って どうやって求めるの？

ボタンのように小さくても、太陽の外周のように大きくても、どんな円でもいいので、円周（円のまわり）の長さを、直径（円の中心を通り、円周上の１点からそれと向かい合う円周上の１点まで引いた直線）の長さで割ってみよう。その答えはいつでも3.14159……になるよ。終わりなく続く、この数のことを「円周率」とよび、「π（パイ）」という記号で表している。これは、ギリシア語で円周を表す言葉の最初の文字なんだ。円周率は、円や曲線をふくむ、あらゆるものにとって、とても重要なんだよ。

円周率ってなんだろう

円の外周の長さは円周（c）とよばれ、中心を通る直線の長さは直径（d）とよばれている。直径と円周の関係はどんな場合でも同じなので、円周率の値は変化しない。一方が増えれば、もう一方も同じ割合で増えるんだ。

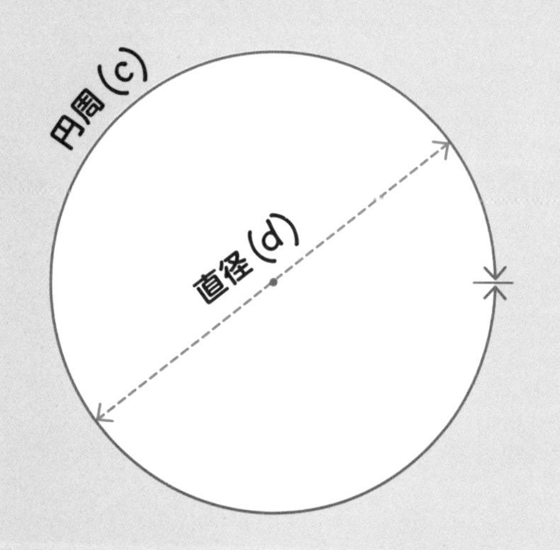
円周（c）
直径（d）

$$\frac{\text{円周}}{\text{直径}} = \pi = 3.14159...$$

ねえ、知ってる？

宇宙を知るための円周率

円周率は、惑星の動きから宇宙飛行計画、さらには宇宙の大きさの計算まで、宇宙を理解するのにとても役に立つんだよ。

自然界の円周率

イギリスの数学者アラン・チューリングは、自然界で見られる模様のでき方を説明する数式を1952年に考え出した。その研究では、ヒョウの斑点（はんてん）や植物の葉のならび方やシマウマのしま模様のような、くり返し模様（パターン）に、円周率が役割を果たしていることを示していたんだ。

無理数の円周率

円周率は無理数だ。つまり、分数になおして書くことができない数字ってこと。数字にくり返しがなく、永遠に続いていくんだ。このため、タスク（仕事）を処理する速さや能力がどれくらいかを調べる、コンピュータの処理能力テストによく使われているよ。

円周率は、これまで何桁まで計算できたと思う？――2019年の世界記録は、31兆4159億2653万5897桁だよ！

3.141592653589793238462643383279
5028841971693993751058209749445
923078164062862089986280348253421170679821
480865132823066470938446095505822317253594
08128481117450284102701938521105559644622948
954930381964428810975665933446128475648233786783 16
527120190914564856692346034861045432664821339360726
02491412737245870066063155881748815209209628292540
917153643678925903600113305305488204665213841469519415116094
33057270365759591953092186117381932611793105118548074462379
9627495673518857527248912279381830119491298336733624406566
43086021394946395224737190702179860943702770539217176293 17
675238467481846766940513200056812714526356082778577134275778960917
363717872146844090122495343014654958537105079227968925892354201995 6
11212902196086403441815981362977477130996051870721134999999837297804
9951059731732816096318595024459455346908302642522308253344685035261
931188171010003137838752886587533208381420617177669147303598253490428755468
73115956286388235378759375195778185778053217122680661300192787661119590921642019893809525720…

時間はどうやって知ったの？

今が何時か、1年のうちのいつか、わからなかったらどうなると思う？　農作物を植えたり、収穫したりするのに一番よい時期も、1日が終わるまでどれくらいの時間がたったかさえもわからないよ。でも、今では、地球がコマのように毎日1回転していること（そして、この1回転にかかる1日を24時間に分けること）、また、地球は365日と6時間かけて太陽のまわりを一周していること（そして、これを1年とよぶこと）が知られている。時間や日にちを知る方法は、長い歴史の間にどう変わってきたんだろう？

紀元前8000年ころ
紀元前1500年ころ
紀元前1500年ころ
受ける入れ物に
目もりをつけて
時間を計っていた。
日時計はくもりの日や
夜には使えなかった。

太陰暦

現在残っている、最も古い暦は、スコットランドのウォーレンフィールドの地面に掘られた穴の列だ。これは、太陰暦で、野生動物の狩りや植物を集めることで生活していた大昔の人々が、29日の月の周期を利用して、季節によって移動する動物がもどる時期を予測したのではないか、と考えられているんだ。

太陽がつくる影

古代のエジプト人やバビロニア人の文明は、人類で初めて日時計を使ったといわれている。これは1日の太陽の動きを追っていくもので、「指針」とよばれる、1本の棒か柱を立ててその影の長さと位置を見て、だいたいの時間を示したんだ。

水時計と燃焼時計

エジプト人は1日を12時間ずつ2つに分け、水の流れる量が同じになるように工夫した水時計を発明した。大きな入れ物からもう一方にゆっくり流れるようにして、たまった水の高さで時間を計ったんだ。時代はかなりあとになるけれど、中国や日本のロウソク時計は、流れる水を使う代わりに、燃えてとけるロウソクに目もりをつけ、燃え残った長さで時間を計っていたよ。

マヤ暦

マヤ暦は、3つの暦が組み合わされてできている：
260日周期の宗教的暦（ツォルキン）、365日周期の太陽暦（ハアブ）、そして1,872,000日周期の長期暦だ。
長期暦は、マヤ文明で信じられていた、世界の滅亡と再生の日を数えるものなんだ。

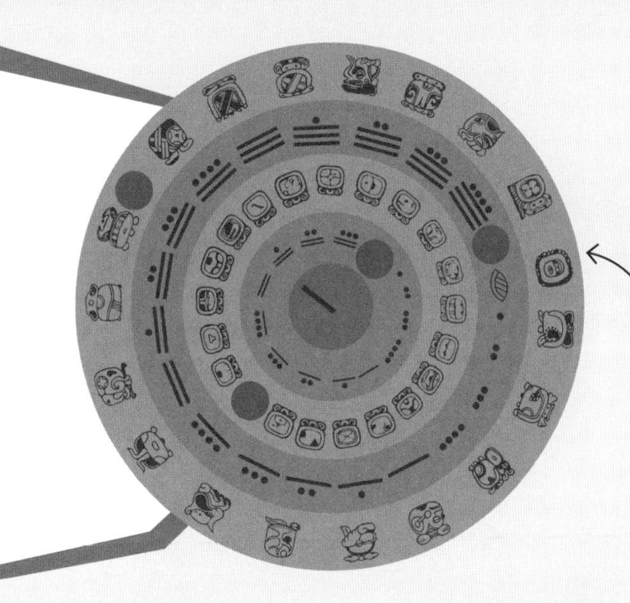

52年に1度、ツォルキン暦とハアブ暦がぴったり合う、この長い周期の暦は「カレンダー・ラウンド」とよばれているよ。

紀元前500年ころ

イスラム暦

月の周期をもとにしたイスラム暦は、1年を12カ月とし、それぞれの月は29～30日になっている。イスラム暦の元年1月1日は、ヒジュラ（預言者ムハンマドがメッカからメディナへ移住したこと）の日とされているんだ。

622年

紀元前45年

ユリウス暦

ローマの独裁者ユリウス・カエサルは、実際の季節とずれてしまうローマ暦を、季節に合うように修正した。このユリウス暦は、太陽年（地球が太陽のまわりを一周する時間）を365日6時間と計算し、1年を12カ月に分けたんだ。よぶんな6時間は、まとめて4年ごとに1日分とし、1年を366日とする「うるう年」ができたんだよ。

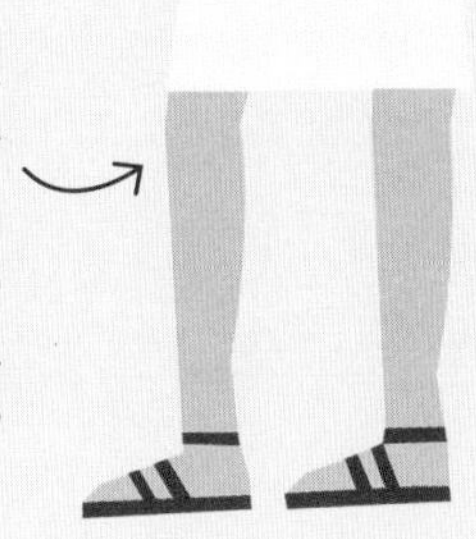

7月の英語名“July”は、ユリウス（Julius）にちなんでつけられた。8月の英語名“August”はカエサルのあとをついだアウグストゥス（Augustus）にちなんでつけられたんだよ。

750年ころ

砂時計

砂時計は、2つのガラス球をつなぐ、せまい部分に決まった量の砂を通して時間を計る道具だ。砂時計は8世紀には発明されていたけれど、船用として広く使われるようになったのは数世紀後だった。水時計とはちがって、こぼれたりこおったり結露したりしないのがよかったんだ。

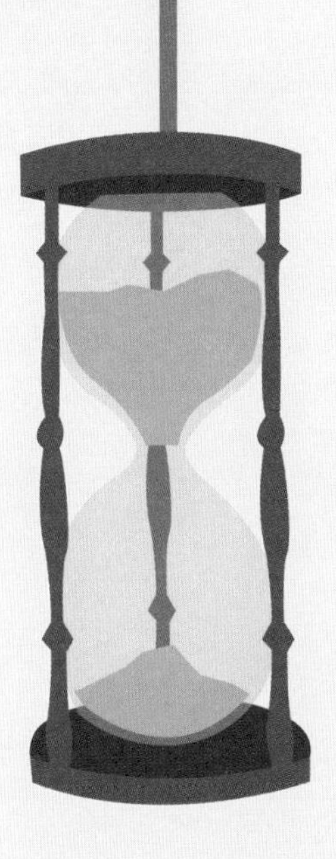

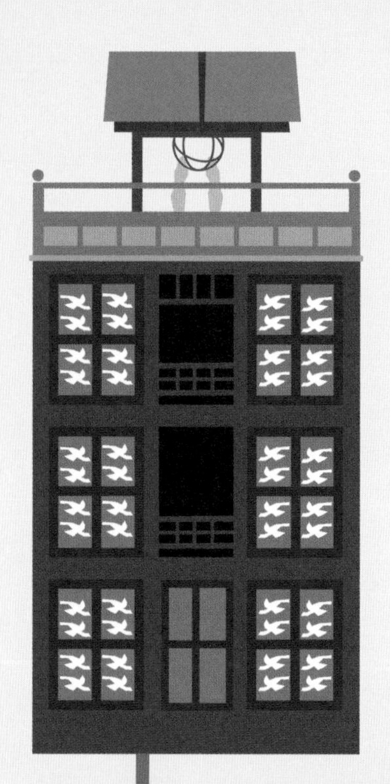

機械式時計の始まり

実際に正確に動く機械式時計が現れるまでには、しばらく時間がかかったんだ。中国では、初期の時計の構造をもとに、中国の発明家、張思訓が「脱進機（だっしんき）」とよばれるしくみを発展させた。このしくみがリズミカルに前後に回転するおかげで、彼がつくった天文時計の塔は一定の速さで時をきざんだんだよ。

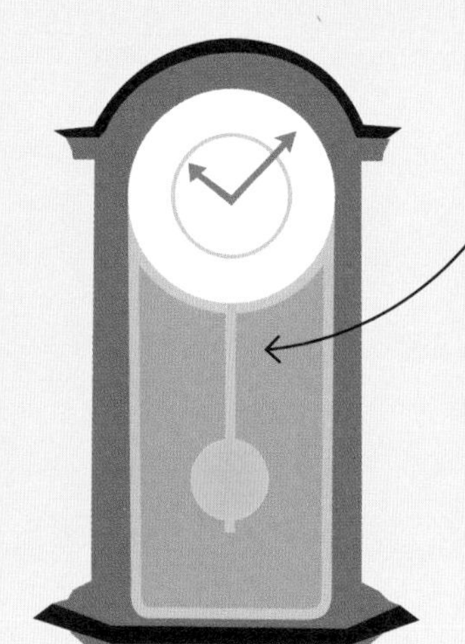

振り子は周期にくるいがない。だから時計を正確に動かすために使われているよ。

振り子（ふりこ）時計

振り子（棒の先におもりをつけて、左右にふれるようにしたもの）のついた時計を世界で最初につくったのは、オランダの科学者クリスティアーン・ホイヘンスだ。振り子は、時計の脱進機と連動して、1日あたり15分だった誤差（時間の不正確さ）を、15秒に減らしたんだよ。

977年

1582年

1656年

1761年

グレゴリオ暦

ローマ教皇のグレゴリウス13世が、1年に11分ずれるユリウス暦の改良を命じ、それまでの日にちは10日ずれることになった。もとの1582年10月4日が、新しい暦では1582年10月15日になったんだ！ グレゴリオ暦とよばれるようになったその暦が受け入れられるには時間がかかったけれど、現在、世界で最も広く使われているんだよ。

正確な経度を測れるようにした時計

マリン・クロノメーターという船用の時計は、イギリスの発明家ジョン・ハリソンがつくった。これは驚くほど正確で、誤差が1日わずか3秒以下だった。おかげで、クロノメーターで計った時刻と陸上での基準時刻との時間差を使って計算することで、長年発明家たちを悩（なや）ませてきた「正確な経度（基準線からどれだけ東または西にいるかを示すもの）が測れない」という問題を解決したんだ。

革命だ！

ルイ16世に対する革命のあと、フランスは時間にも革命を起こした。共和国になった1792年の9月22日を元年元日とする、月に10日間の週が3回という新しい暦を1793年に採用したんだ。時計は、1時間あたり100分、1分あたり100秒の1日10時間制に変更された。でも、この暦は1805年には完全に廃止された。

原子時計は、誤差が100万年で1秒にもならないと考えられているんだ。

原子を使った時計

原子時計は、それまでに人類が発明した時計のなかで最も正確に時間を計れるよ。原子の中にある電子のものすごく速い振動を利用して時間を計っているんだ。大部分の原子時計はセシウムという元素を使っているよ。

1793年

1847年

1927年

1949年

現在

透明な水晶を使った時計

カナダの技術者ウォーレン・マリソンがつくったクォーツ時計は、分と時間を数えたり針を動かしたりするための歯車を、振り子ではなく、小さな水晶（クォーツ）の振動によって制御したんだ。クォーツ時計は、それまでのどんな時計よりも正確で、3年間で1秒しか誤差がないんだよ（きみのまわりにあるのもこの時計かも！）。

うるう秒

今では、地球の自転速度のゆらぎによる時間のずれをなおすため、時々「うるう秒」が加えられている。ほとんどの人はインターネットに接続されたデジタル機器を使っているので、時間を計っている、数十億ものデジタル機器に、最小限の手間で数秒もかからずに、うるう秒をつけたすことができるんだ。

09:41

グリニッジ標準時

鉄道が通る前は、それぞれの町が勝手に定めた時刻が町の時計に表示されていた。でも鉄道が普及してくると、よそから来た旅行者が出発や到着の時間がわからず困るようになり、世界共通の時刻の決め方が必要になったんだ。その結果、それぞれの国は統一された標準時間に切り替わった。イギリスでは1847年にグリニッジ標準時（GMT）が採用されたんだよ。

座標ってどう使うの？

きみの部屋の天井（てんじょう）にハエがとまったよ。その位置をきみならどうやって説明する？　17世紀のフランスの数学者で哲学者でもあったルネ・デカルトが、ある朝ベッドに横になっていたとき、同じことを考えたんだ。デカルトはその方法を考えるうちに、座標を思いついた。これは、なにかがどこにあるかを、数を使って表す、とってもかんたんな方法なんだ。天井にいる小さなハエから海の上の巨大な船、さらには太陽系の惑星まで、座標を使えば、ほぼすべての位置を表すことができるんだよ。

8
7
6
1 ある朝、デカルトがベッドに横になっていると、部屋の中で1匹のハエが飛びまわっていた。

もっと知ろう
座標

デカルトが考えた座標系は、基準点を0として、そこからの距離に基づいて2つの数で物の位置を表すもの。座標は、水平座標（基準点から左右方向にどれだけ離れているか）と垂直座標（基準点から上下方向にどれだけ離れているか）で表すよ。

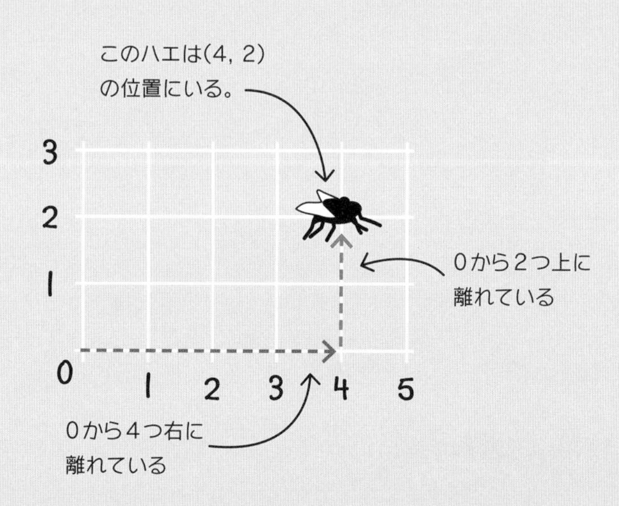
このハエは(4, 2)の位置にいる。
3
2
1
0
1
2
3
4
5
0から2つ上に離れている
0から4つ右に離れている

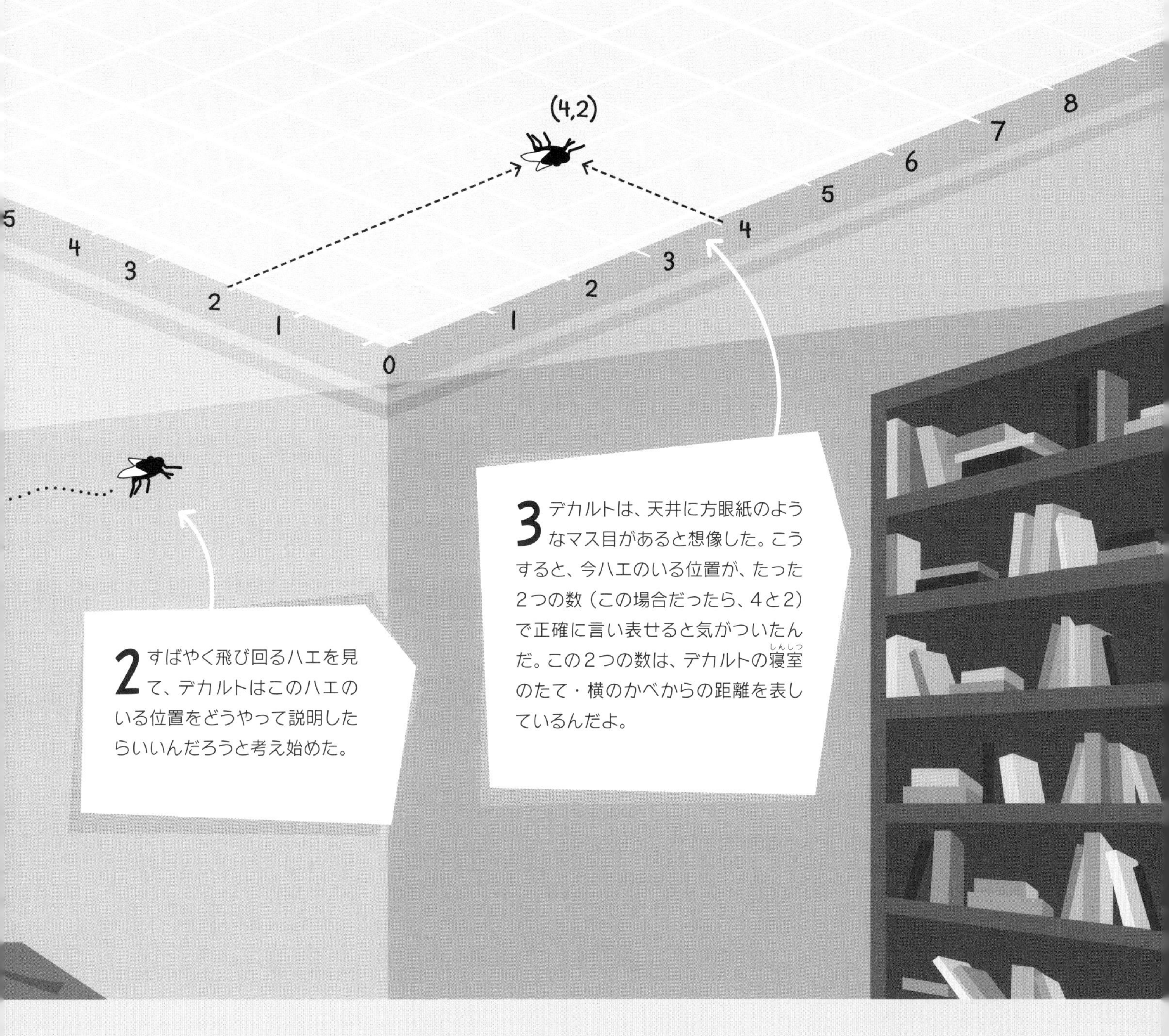
(4,2)
2 すばやく飛び回るハエを見て、デカルトはこのハエのいる位置をどうやって説明したらいいんだろうと考え始めた。
3 デカルトは、天井に方眼紙のようなマス目があると想像した。こうすると、今ハエのいる位置が、たった2つの数（この場合だったら、4と2）で正確に言い表せると気がついたんだ。この2つの数は、デカルトの寝室のたて・横のかべからの距離を表しているんだよ。

デカルトが想像した天井のマス目をさらに一歩進め、天井全体を座標平面と見なしてハエの位置を座標で表すことができる。座標平面では、ハエを点で表し、水平線は「x軸」、垂直線は「y軸」、基準点（0, 0）は原点とよぶ。また、水平座標は「x座標」、垂直座標は「y座標」というんだよ。

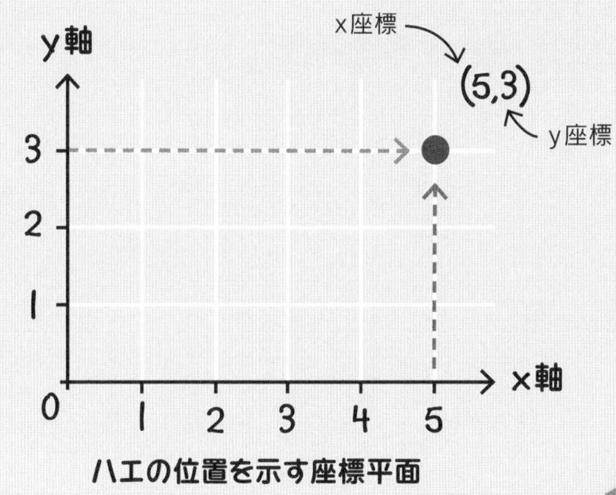
y軸
x軸
x座標
y座標
(5,3)
ハエの位置を示す座標平面

負の数の座標

ところで、基準点の0よりも左または下にある物の位置を表したい場合はどうしたらいいかな？　この場合は、負の数も書けるように、x軸とy軸をのばすことができるんだ。x軸では、負の数は0の左側に表され、y軸では0の下側に表されるよ。

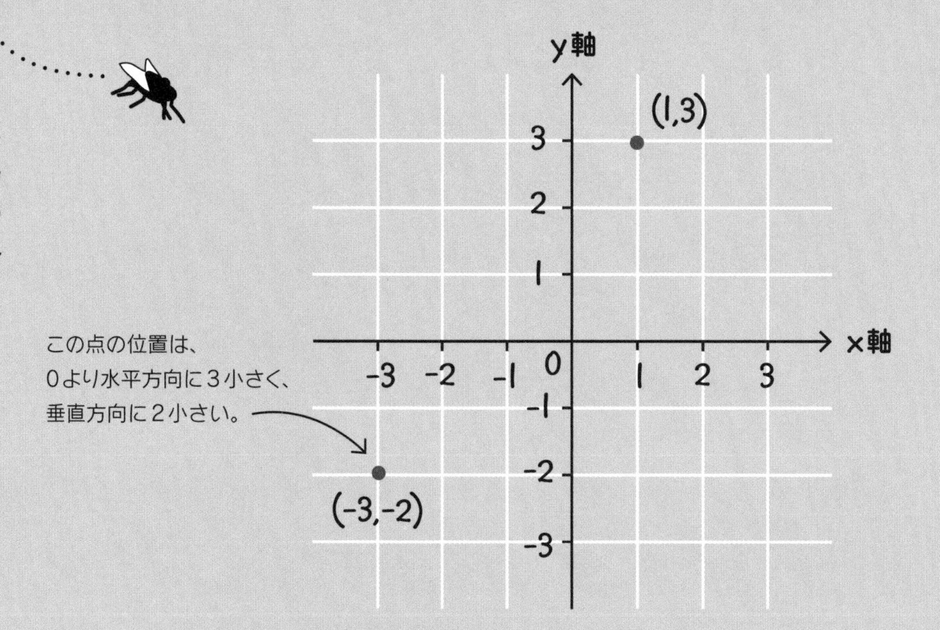
y軸
x軸
(1,3)
(-3,-2)
この点の位置は、
0より水平方向に3小さく、
垂直方向に2小さい。

2次元と3次元

x軸とy軸だけの座標平面は、2次元（平面）を表すことはできる。でも、数学者たちは、z軸とよばれる新しい線を加えて、3次元を表す（これを座標空間というよ）ことがあるんだ。この線は、原点0でx軸とy軸に交わる。z軸を使うと、部屋にある箱のような、3次元空間にある3次元の物（立体）の位置を表すことができるんだ。

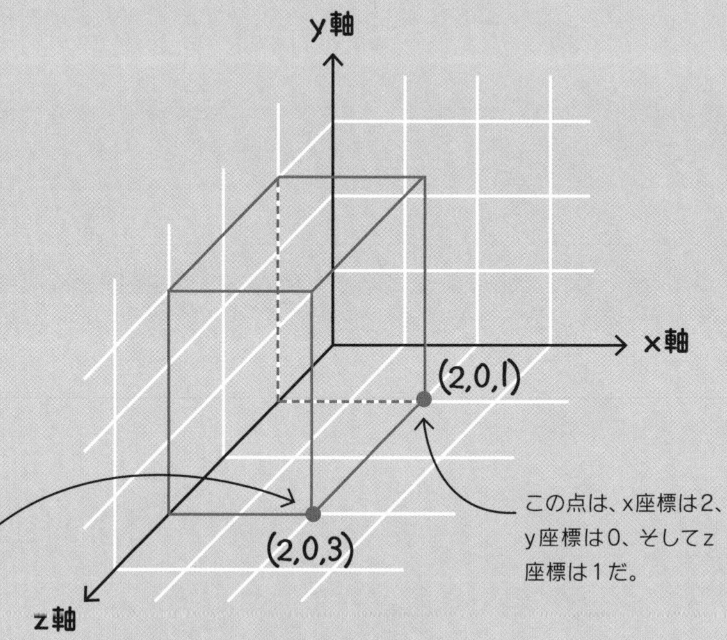
y軸
x軸
z軸
(2,0,1)
(2,0,3)

この点は、もう1つの点とx座標とy座標は同じだけど、z座標は3で、もう1つの点よりも原点から遠い。

この点は、x座標は2、y座標は0、そしてz座標は1だ。

ホントの話

遺跡の発掘作業

考古学者が発掘をするとき、テープを使って発掘場所の上にマス目のような目印をつける。できた座標平面から表される座標を使って、過去の人類が使っていたものがうまっていた場所の位置を正確に記録しているんだ。

やってみよう

失われた財宝をさがせ!

裏側になぞの文が書かれている、宝島の古い地図を見つけたよ。地図上で、その文の指示通りに進んで宝物のありかを見つけ出そう。座標で答えて!
(答えはp.127にあるよ)

"モンキービーチ"から北西に、向かって登れば"雪の山"。北に進んで"死者の洞窟"、南東に進んで"海賊の墓"。南西に歩けば、これまで来た道、またいでまっすぐ進むんだ。どうだ、×印ができただろう。宝はそこにうめてある。

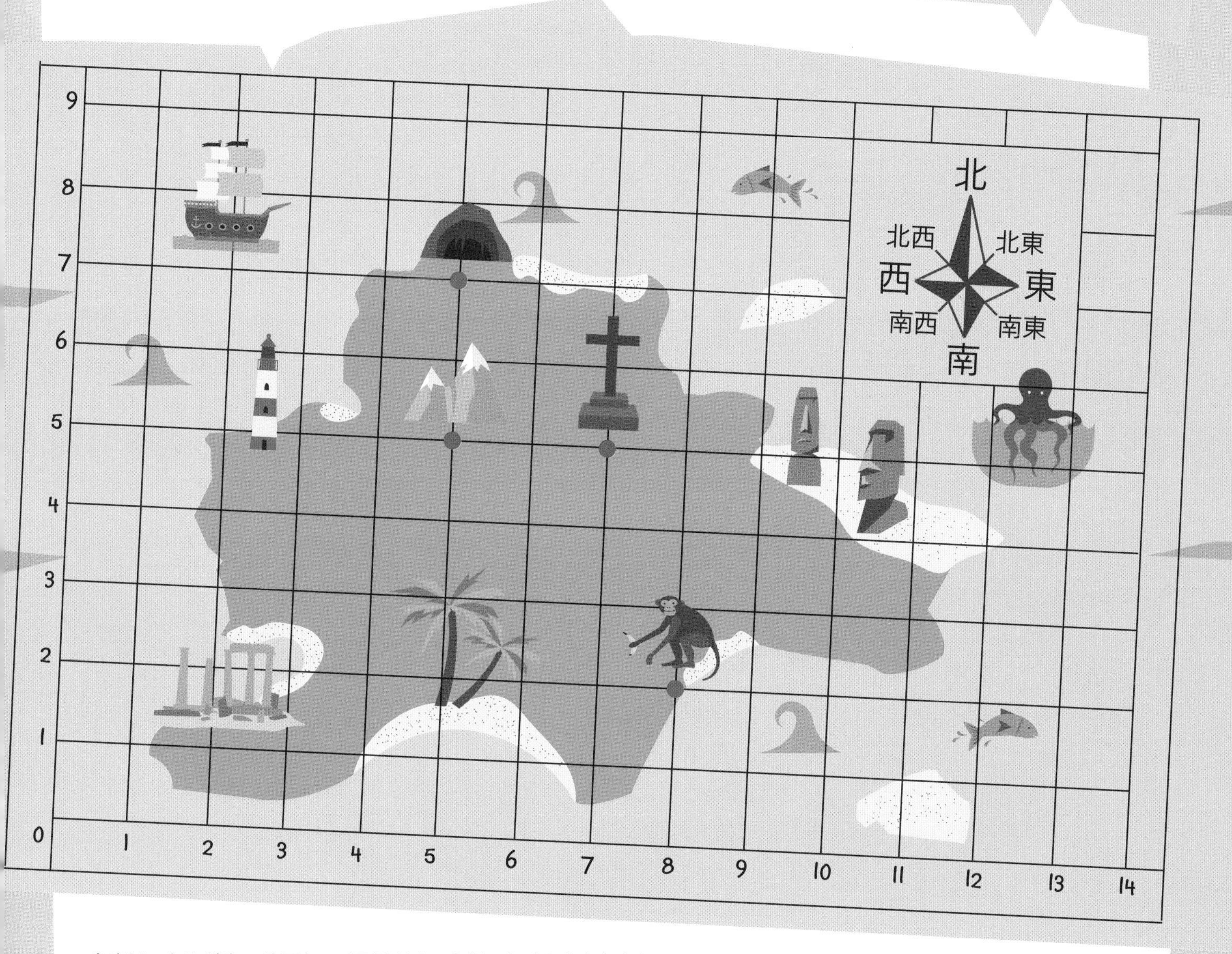

北
北西
北東
西
東
南西
南東
南
0
1
2
3
4
5
6
7
8
9
10
11
12
13
14

今度は、きみが宝の地図をつくる番だよ。座標のしくみを友だちに教えてから、きみの考えた宝の地図から宝物の場所が見つかるか、友だちに挑戦してもらおう。自分の家の地図をつくって、なにか宝物をかくし、友だちに探してもらうのもおもしろそうだね!

なんのためにあるの？

規則性と列

たとえば2、4、6……という2の倍数のような、規則性のある単純な数の列から、なぞの多い「素数」まで、数学ではいろいろな場面で数や文字などの列が見られる。これらは、安全に秘密を守るため、ちょっと見ただけでは意味のわからない暗号として、歴史を通して利用されてきたんだ。今では、規則性や列を研究することで、自然についても知ることができる――間欠泉（かんけつせん）で熱水が地下からふき出す様子を説明するのにも役に立つんだよ。

いつ彗星がくるか、どうやって予測したの？

17世紀のイギリスでは、天文学者で数学者のエドモンド・ハレーが、天文観測の古い記録を研究していた。さまざまな彗星の観測記録を調べていたハレーは、ある彗星が何度もくり返しもどってきていることに気づいたんだ。そしてその彗星が、次は1758年に地球に近づくと予測した。やがてその年になり、予測は正しかったと証明された。ハレーはすでに亡くなっていて、自分の予測通りに来た彗星を見られなかったけれど、その天体はハレー彗星と名づけられ、歴史に名を残したんだ。

1531
1607
1682

1 研究の結果、1531年、1607年、1682年に観測されていた彗星は、実は同じものだということがわかった。

2 その彗星は「76年ごとにもどってくる」という規則性があることに、ハレーは気がついた。

もっと知ろう

等差数列

その彗星が地球近くにもどってくる、公転の規則性を見つけるなかで、ハレーは数学的な「列」に気がついた。このように、数値がいつも同じ量ずつ増える（または減る）という規則性がある数の列（数列）を「等差数列」というんだ。その変化する量を「公差」とよぶんだよ。

28
47
66
…
+19
+19
+19
公差

ねえ、知ってる？

公転する彗星

彗星ってなんだろう？　実は、太陽のまわりを回る（公転する）、氷や岩やちりなどのかたまりなんだ。なかでも、ハレー彗星のように楕円形（円を一方向にのばしたような形）の軌道で回る彗星は、規則的にもどってくる。彗星は、太陽に近づくとガスが長い「尾」をひいて、夜空に輝いて見えるよ。

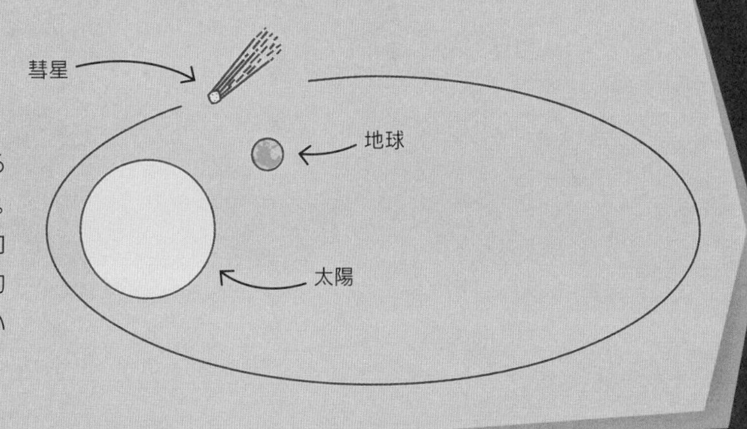
彗星
地球
太陽

1758
1835
1910

1986

3 そして、次にその彗星が見られるのは1758年だと予測した。ハレーの予測は当たり、その彗星はその後もほぼ76年ごとに地球に近づいてくる。

85
104
123
?
+19
+19
+19
公差

左の等差数列の公差は19だ。123の次の数はなんだろう？これを求めるには123に公差をたすだけでいいんだよ（答えはp.127）。ところで、ハレー彗星がもどる年は、実は完全な等差数列にはなっていない。平均すると76年ごとにはなるけれど、彗星より外側を回っている惑星の重力に引っ張られて軌道が少し変化するため、1、2年早かったりおそかったりするんだ（ハレーもそのことには気がついて、計算を調整していたよ）。

等差数列のしくみ

これは2から始まる、公差が3のかんたんな等差数列だ。
次にならぶ数を求めるには、前の数に3をたすだけでいいんだよ。

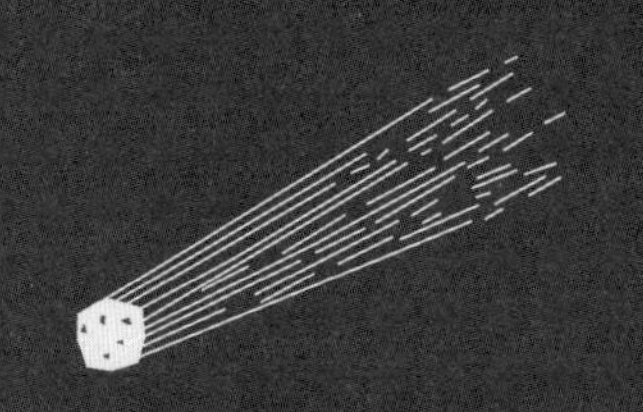

2 5 8 11 14 …
+3 +3 +3 +3 +3

どんな等差数列でも、それぞれの数（これらを「項（こう）」というよ）を文字式で表すことができる。この場合は下のようになる。

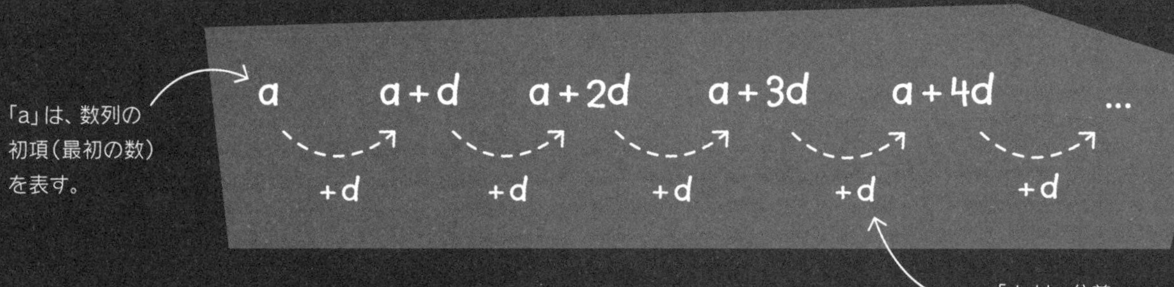
「a」は、数列の初項（最初の数）を表す。
a a+d a+2d a+3d a+4d …
+d +d +d +d +d
「d」は、公差（加える数）を表す。

このように文字で表したとき、aは列の初項、つまり最初の数（この場合は2）、dは公差（この場合は3）をそれぞれ表している。a＋4dの次の項はa＋5dと表せるから、この文字式を数に置きかえて計算すると、2＋(5×3)＝17で、14の次は17だとわかるんだ。

数列を“折りたたむ”

1+2+3…
…+99+100 = ?

1780年代のある日、ドイツの小学校で、先生が8歳のクラスの生徒に算数の計算問題を出したんだ。それは「1から100までの整数をすべてたしていくといくつになるか」という問題だった。先生は「きっと、計算にかなり時間がかかるだろう」とのんびりしていた。

1 + 2 + 3 + … + 98 + 99 + 100 = ?

ところが、一人の男の子がわずか2分で答えを出したものだから、先生はびっくりしたんだ。その時代にはもちろん計算機なんてなかったよ。いったい、その子はどうやって答えを出したと思う？

その男の子はならんだ数を“半分に折りたたんだ”んだ。つまり、一番端（はし）どうしの1と100、次の2と99……というように組み合わせていくってこと。どの組み合わせも2つの数をたすと101になっていた。このような数の組は50組できるので、男の子がやらなければならない計算は101に50をかけるだけだった。それで、問題の答えは5050だとかんたんにわかったんだよ。

n番目の数を見つけるには

じゃあ、ある数列で21番目にならぶ数を知りたいときは、どうしたらいい？ その数まで順に全部計算して書いていくのは大変だから、求める公式があると便利だ。

等差数列では、n番目の数を求める公式を使えば、きみもかんたんに答えが見つかるよ。この公式は、その数列の中で、きみが知りたい数がn番目として考えるよ。

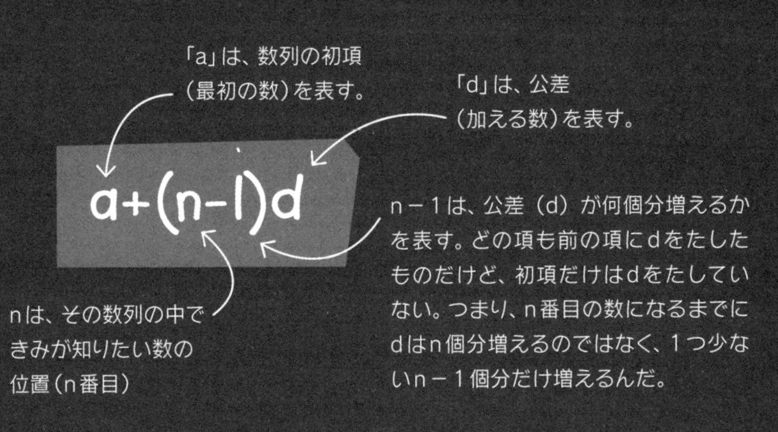

「a」は、数列の初項
（最初の数）を表す。
「d」は、公差
（加える数）を表す。
a+(n-1)d
nは、その数列の中で
きみが知りたい数の
位置（n番目）

n－1は、公差（d）が何個分増えるかを表す。どの項も前の項にdをたしたものだけど、初項だけはdをたしていない。つまり、n番目の数になるまでにdはn個分増えるのではなく、1つ少ないn－1個分だけ増えるんだ。

n－1（この場合は21番目だから、21－1＝20）と公差（この場合は3）をかけて、初項a（この場合は2）にその答えをたすんだよ。

$$2+(21-1)\times 3=62$$

計算の結果、2、5、8……とならぶ、この数列の21番目の数は「62」だ。

やってみよう

座席の数え方

ある劇場には座席が15列あり、幅のせまいステージに面した、一番前の列には12席ならんでいる。そこから1列後ろになるごとに2席ずつ座席が増えるので、後ろにいくほど広がっている。

一番後ろの列には座席がいくつならんでいるかわかるかな？ n番目の数を求める、等差数列の公式を使って計算してみよう。

（答えはp.127にあるよ）

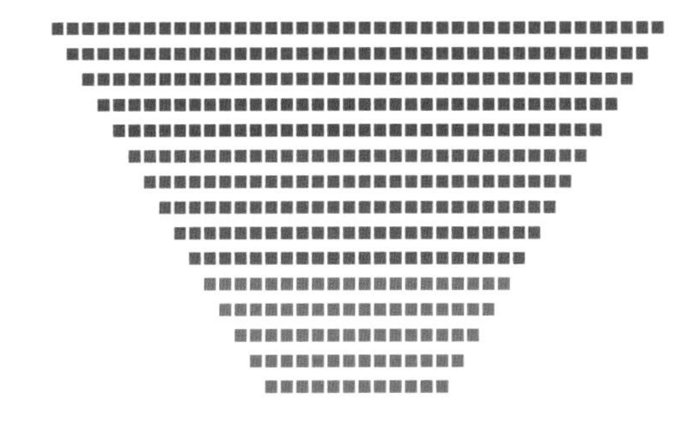

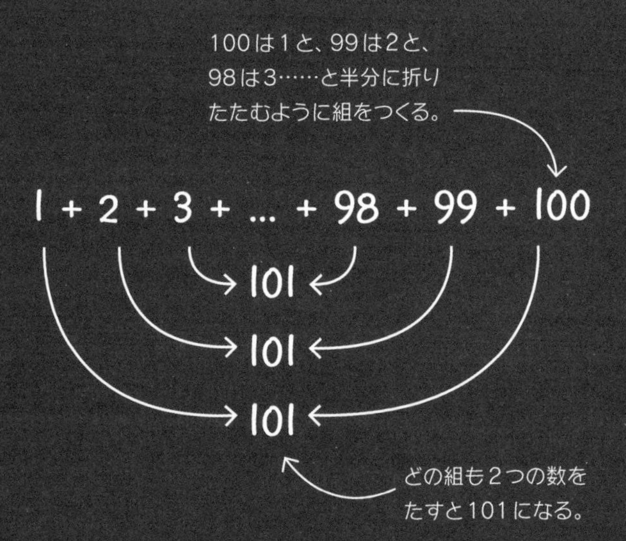

100は1と、99は2と、
98は3……と半分に折り
たたむように組をつくる。
1 + 2 + 3 + … + 98 + 99 + 100
101
101
101
どの組も2つの数を
たすと101になる。

その男の子の名前は、カール・フリードリヒ・ガウス。のちに、歴史に残るほどすぐれた数学者になったんだ。

ホントの話

くり返しふき出す間欠泉

アメリカのイエローストーン国立公園にある、オールド・フェイスフル・ガイザーという間欠泉は、ほぼ90分ごとに熱水を高くふき出すことから名づけられた（フェイスフルは「忠実な」「正確な」という意味だよ）。等差数列のように完全な規則性があるわけではないけれど、次にいつ熱水がふき出すかは、だいたい予想ができるんだ。

どうやって大金持ちになったの？

1、2、4、8、16……次にくる数字はなんだと思う？　答えは32だ。この数列（順番にならぶ数の列）の項（それぞれの数字）は、前の数に2をかけた答えになっているよ。最初はちょっと増えるだけのように見えるけど、すぐにものすごく大きな数になっていく。インドの伝説で、王様がチェスの勝負に負けたときの話も、まさにそうだった。王様に勝った旅人は、どうやって大金持ちになったのだろう？

1 頭のよい旅人との勝負に負けたあと、王様はほうびを与えることにした。勝った旅人は、ひかえめに「チェス盤のそれぞれのマスに米粒を入れてください」といった。彼の願いは、最初のマスに米1粒、次は2粒というように、2倍に増えていくようにしてほしいということだった。
2 それを聞いた王様は、そのくらいならたいしたことないと思い、願いを聞きいれた。でも、数が2倍、2倍と増えるにつれて、王様が与えなければならない米粒の山は巨大になっていった。

もっと知ろう

等比数列

チェス盤の各マスの米の量は、前のマスの米の量に、「公比」とよばれる、一定の比率（この場合は2）をかけることによって求められる。このように、それぞれの数（項）が一定の比率で変化していく数列は、等比数列っていうんだよ。

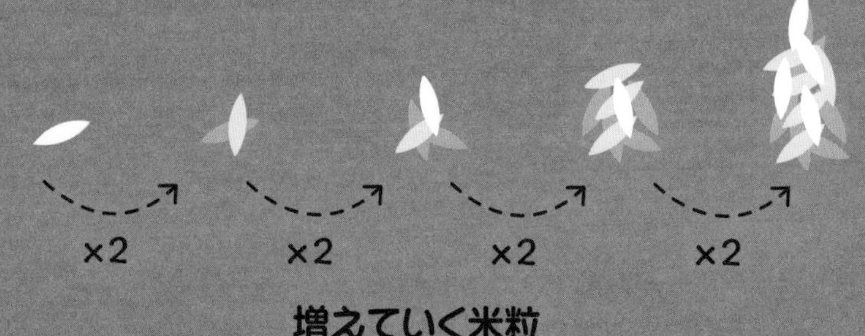
×2
×2
×2
×2
増えていく米粒

3 最終的に、王様は勝った旅人に全部で1800京粒の米を与えることになった。これは、その王国全体を米粒でおおいつくすのに十分なほどのものすごい量だったんだよ！

ねえ、知ってる？

折り紙

1枚の紙を半分に折ることを50回くらいくり返すと、ものすごい厚さになって、なんと太陽までとどいてしまうんだ（太陽までの距離は約1億5000万kmだよ！）。でも、実際には、紙をそんなに何回も折りたたむことはできない。厚くなりすぎてそのうち折り曲げられなくなってしまうんだよ。

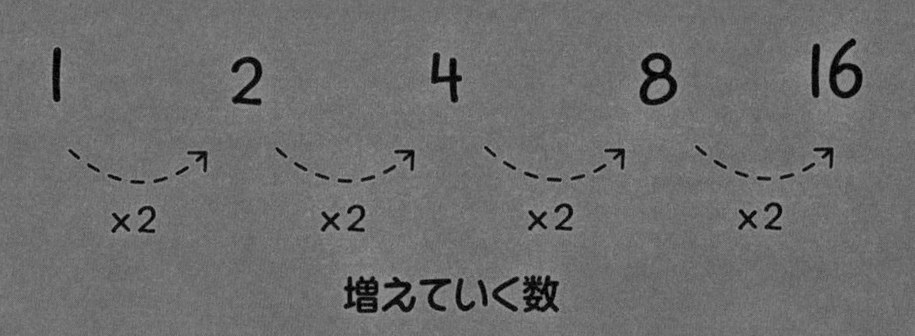
1
2
4
8
16
×2
×2
×2
×2
増えていく数

米を数に置きかえると、等比数列のしくみがわかる。1から2倍を4回くり返すと16になり、さらに4回くり返すだけで256になるんだ！　勝った旅人がもらう米の山が、どれほど速くどれほど巨大になったか、次のページを見ればよくわかるよ。

国王のチェス盤

王様のチェス盤の各マスに置かれた米粒の数を数字で書いてみたよ。これで、どれほど速く数が増えるか、わかるね！

右下の最後のマス（64番目）に書かれている数を、きみは声に出して読めるかな？

（答えはp.127にあるよ）

ホントの話

炭素14による年代測定

科学者たちは、植物や動物がどれくらい前に生きていたかを調べるのに、等比数列を利用している。生物の体内の炭素14の割合は、生きている間は自然環境と同じでほぼ一定だ。でも、死んでからは、5,730年たつごとに半分に減る。自然界にある炭素14の割合とその生物の化石に残る炭素14の割合を比べることで、その生物が生きていた年代がだいたいわかるんだ。

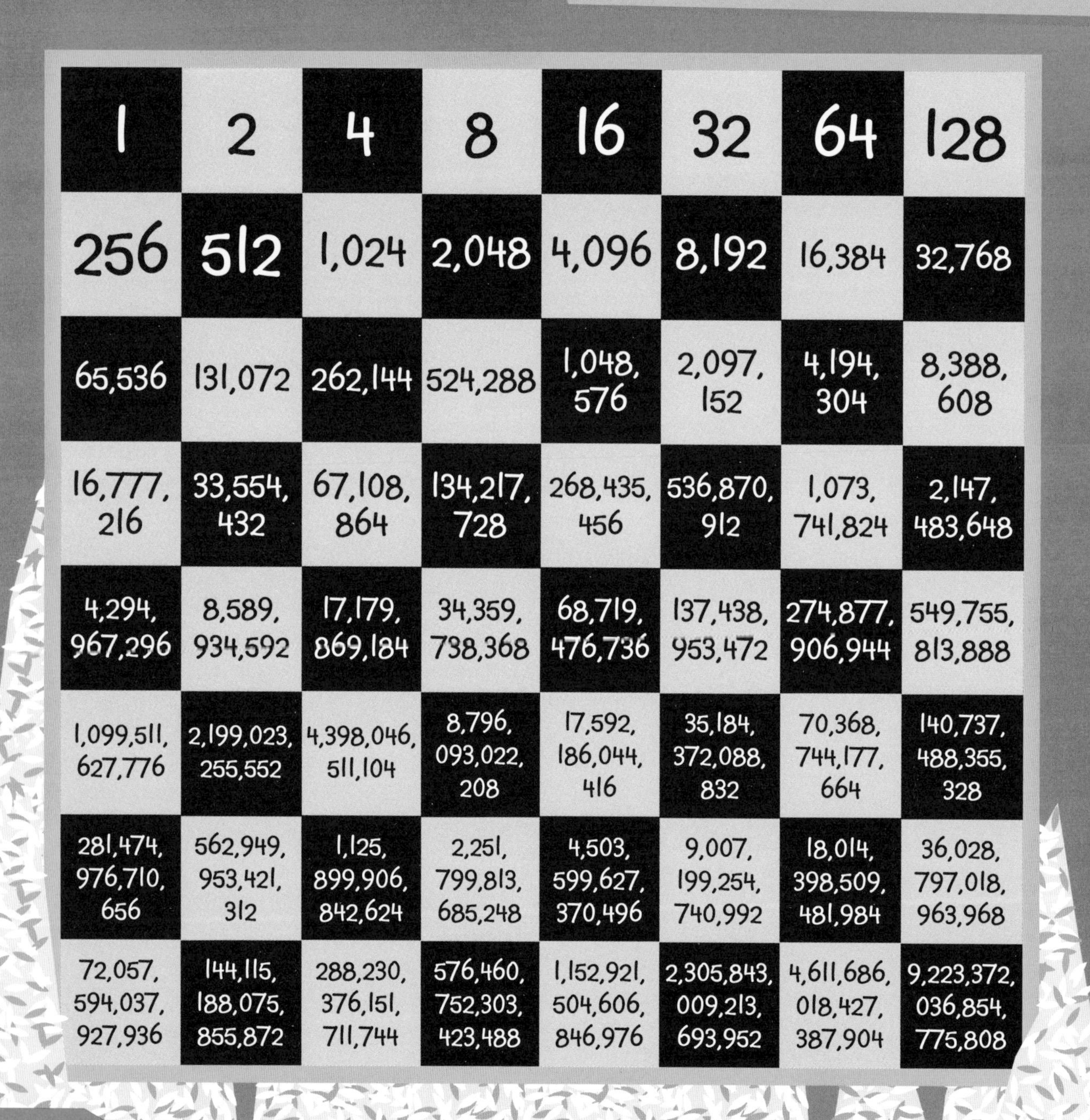

1	2	4	8	16	32	64	128
256	512	1,024	2,048	4,096	8,192	16,384	32,768
65,536	131,072	262,144	524,288	1,048,576	2,097,152	4,194,304	8,388,608
16,777,216	33,554,432	67,108,864	134,217,728	268,435,456	536,870,912	1,073,741,824	2,147,483,648
4,294,967,296	8,589,934,592	17,179,869,184	34,359,738,368	68,719,476,736	137,438,953,472	274,877,906,944	549,755,813,888
1,099,511,627,776	2,199,023,255,552	4,398,046,511,104	8,796,093,022,208	17,592,186,044,416	35,184,372,088,832	70,368,744,177,664	140,737,488,355,328
281,474,976,710,656	562,949,953,421,312	1,125,899,906,842,624	2,251,799,813,685,248	4,503,599,627,370,496	9,007,199,254,740,992	18,014,398,509,481,984	36,028,797,018,963,968
72,057,594,037,927,936	144,115,188,075,855,872	288,230,376,151,711,744	576,460,752,303,423,488	1,152,921,504,606,846,976	2,305,843,009,213,693,952	4,611,686,018,427,387,904	9,223,372,036,854,775,808

累乗と指数

同じ数を何回かかけたものを、累乗っていうんだ。毎回、米粒がどれくらい増えるのか、は累乗で表すことができる。累乗は、かけ算したい数の右上に、かける個数を「指数」とよばれる小さな数字で書き表すんだ。つまり、2^2は2×2、4^3は4×4×4を表しているんだよ。

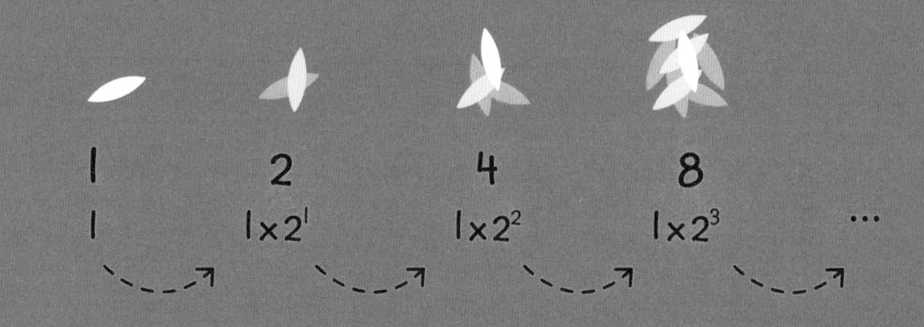

1
2
4
8
1
1×2¹
1×2²
1×2³
…

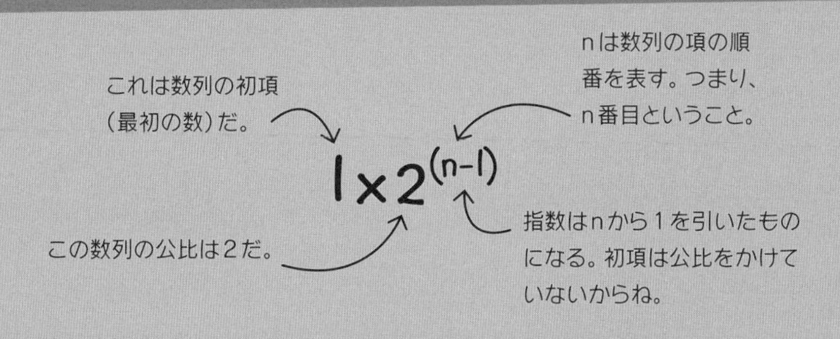

これは数列の初項（最初の数）だ。
nは数列の項の順番を表す。つまり、n番目ということ。
1×2^(n-1)
この数列の公比は2だ。
指数はnから1を引いたものになる。初項は公比をかけていないからね。

この式を使えば、王様のチェス盤の何番目のマスでも、つまり、この等比数列の何番目の項でも、数が計算できる。それにはまず、等比数列の初項（最初の数。この場合は1）、次に公比（かけ算をしたい数。この場合は2）、そして知りたい項の順番（n番目）から1引いた数、の3つが必要だ。

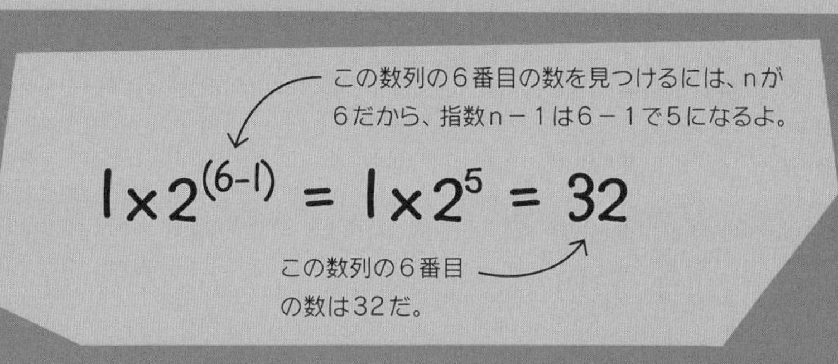

この数列の6番目の数を見つけるには、nが6だから、指数n－1は6－1で5になるよ。
1×2^(6-1) = 1×2⁵ = 32
この数列の6番目の数は32だ。

この数列の20番目の数はいくつかわかるかな？　答えを出すには、計算機が必要だと思うよ！

（答えはp.127にあるよ）

やってみよう

貯金の増え方

きみが2枚のコインをもっていて、利息のとても高い銀行の口座に貯金したとしよう。2年目に貯金がコイン6枚になっていたとしたら、5年目には貯金はコイン何枚になるかな？

コインの数は1年目から2年目の増え方と同じ規則性にしたがっている。毎年のコインの数を計算するには、前の年のコインの数に3をかければいいんだ。

だから、5年目のコインの数は、$2 \times 3^4 = 162$で162枚だよ。

$2 \times 3^{(n-1)}$の式を使って、15年目には貯金のコインが何枚になるか計算できるかな？

（答えはp.127にあるよ）

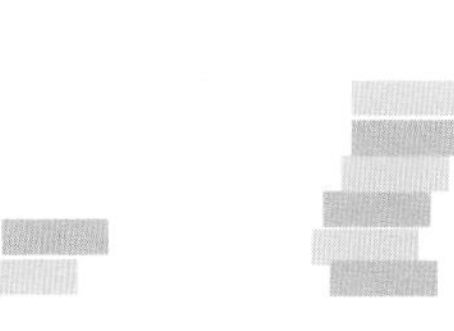

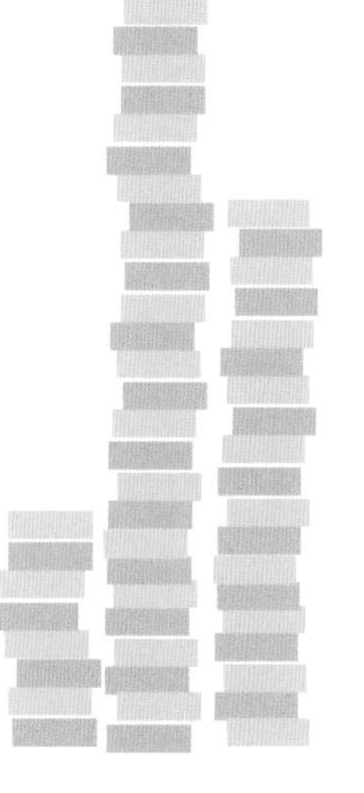

5年目

1年目 2

2年目 $2 \times 3^1 = 6$

3年目 $2 \times 3^2 = 18$

4年目 $2 \times 3^3 = 54$

5年目 $2 \times 3^4 = 162$

素数ってどんなことに使われているの？

素数とは、1より大きい整数で、それ自体と1以外の整数で割りきれない数のこと。1より大きいすべての整数は、素数か、素数をかけてできる数（これを「合成数」というよ）のどちらかだ。だから、数学を研究する人たちは、素数は数の構成要素だと考えているんだよ。

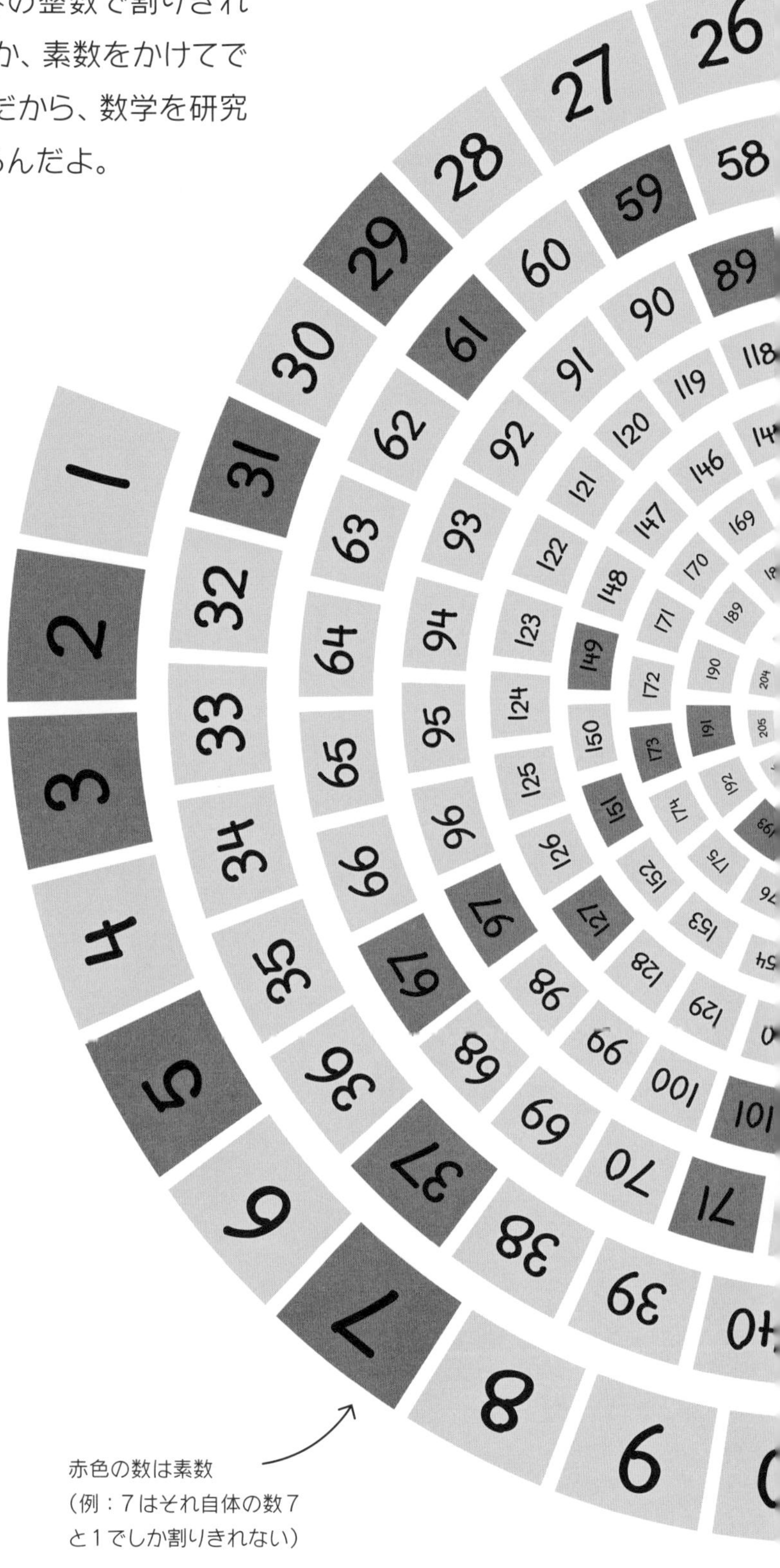

1 2 3 4 5 6 7 8 9
26 27 28 29 30 31 32 33 34 35 36 37 38 39 40
58 59 60 61 62 63 64 65 66 67 68 69 70 71
89 90 91 92 93 94 95 96 97 98 99 100 101
118 119 120 121 122 123 124 125 126 127 128 129
146 147 148 149 150 151 152 153
169 170 171 172 173 174 175
189 190 191 192

赤色の数は素数（例：7はそれ自体の数7と1でしか割りきれない）

素数の不思議

数学者が素数に興味をもつ大きな理由は、それらの数が無限にあることはわかっているけど、それらに規則性が見つからないからなんだ。また、素数の中で2だけが偶数で、残りはすべて奇数だ。これはなぜか、きみには説明できるかな？

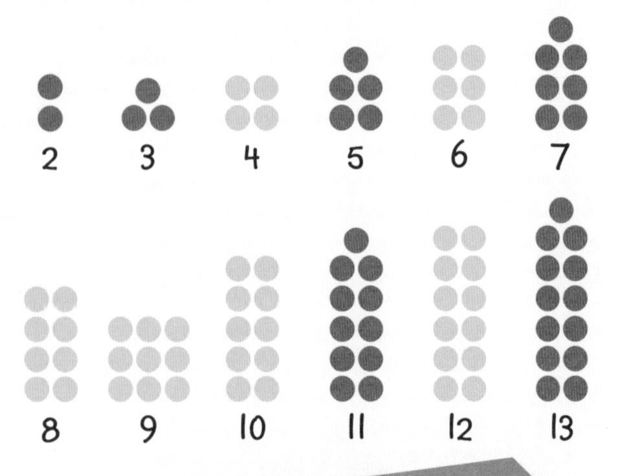

2 3 4 5 6 7
8 9 10 11 12 13

ねえ、知ってる？

大きな素数

2019年1月の時点でわかっている最大の素数は、24,862,048桁にもなる、ものすごく大きな数だよ。

ネットショッピングを安全に

オンラインでしはらいをするときは、大切な情報が盗(ぬす)み取られないように、解読できない秘密の暗号でやりとりしている。これに素数が使われているんだよ。取引は「公開鍵(かぎ)」(ものすごく大きな合成数)でロックされ、これを開けるための「秘密鍵」は2つの素因数(かけたときその合成数になる素数)になっている。秘密鍵を知らない人には、公開鍵を開けるのに何千年もかかるため、安全に取引できるんだよ。

できるかな?

合成数589を2つの素因数に分けてみよう(うずまきの赤字の素数のどれかを組み合わせてみて!)。

(答えはp.127)

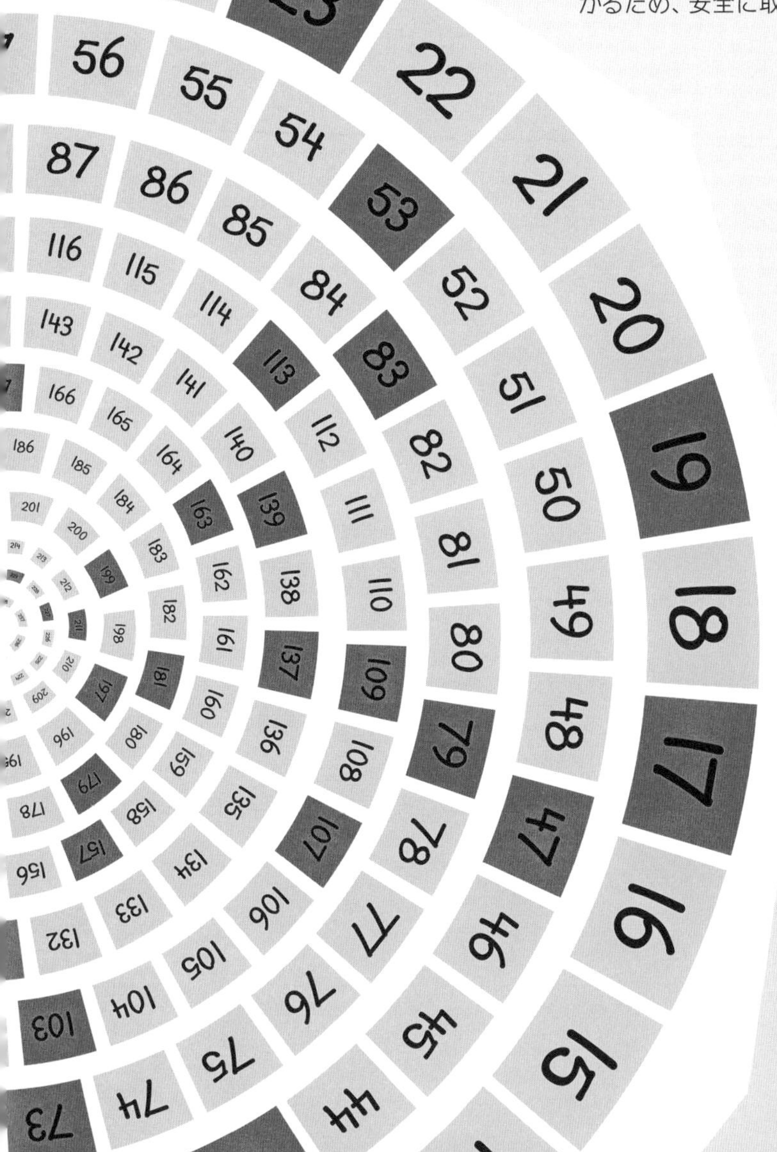

黄色の数は合成数(例:12は素数のかけ算でできている。2×2×3)

素数の周期

"素数ゼミ"といわれる昆虫(こんちゅう)のセミは、13年または17年ごとに土の中から出てきて、交配して卵を産む。このような素数の周期は、セミをねらう生き物の周期と重なりにくいため、食べつくされることがない。また、別の種類のセミとの雑種が生まれにくいため絶滅(ぜつめつ)しにくいんだよ。

終わりがないって どういうこと？

世の中には、けっして終わらないものがある。終わりのあるものを「有限」といい、そうでないものは「無限」というんだよ。無限というのは数ではない。1つの考えというか、想像もしにくい、目まいのするような発想なんだ。無限は終わりがなく、限界もなく、数学の世界で頭がこんがらがるような考えや理論につながってきた。

1
2
3
4
6
7

ヒルベルトのホテル

ドイツの数学者ダフィット・ヒルベルトは、無限に部屋をもつホテルがあったらどうだろうと考えてみた。このことから、無限についての数学がとても奇妙だとわかる。

1 無限のホテルは満室、つまり、すでにどの部屋にも宿泊客がいる。ところがある日、新しいお客さんがやってくる。

2 そのホテルは無限だから、部屋が足りないということがない。そこでホテルのオーナーは宿泊客全員に「1つ上の番号の部屋に移動して」とたのむんだ。番号が1の人は2へ、2の人は3へ……というぐあいに。すると新しく来たお客さんが1号室に入れる。つまり、無限＋1＝無限ということになる。

3 それから間もなく、無限の人々を乗せた、無限のバスが到着する。降りた人がみな部屋に入れるように、オーナーは宿泊客に「今の部屋番号を2倍にした番号の部屋に移動して」とたのむ。

4 そうすると、すべての宿泊客が偶数の番号の部屋に入るはずだ。だから、無限の奇数の部屋に新たにやってきた無限の人々が入れるよ！　つまり、無限×2＝無限ということになる。

ゼノンの競走の話

古代ギリシアの数学者ゼノンは、伝説的なギリシアの英雄アキレスとカメの競走の物語を使って、無限についての考え方を説明した。カメが少し前からスタートしても、アキレスはすぐにカメのスタート地点に到着する。でも、そのときにはカメはちょっと先に進んでいる。アキレスが距離を縮めるたびに、カメはちょっと先に移動しているっていうんだ。このゼノンのおかしな話は、無限という考えには注意が必要だと教えてくれる。

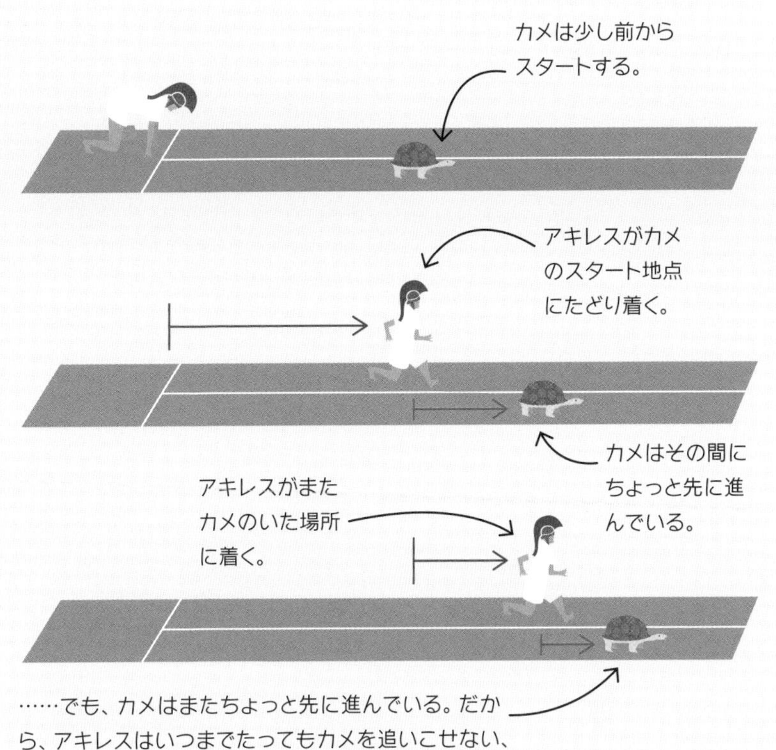

カメは少し前から
スタートする。
アキレスがカメ
のスタート地点
にたどり着く。
カメはその間に
ちょっと先に進
んでいる。
アキレスがまた
カメのいた場所
に着く。

……でも、カメはまたちょっと先に進んでいる。だから、アキレスはいつまでたってもカメを追いこせない、とゼノンは説明したんだ。でも、実際には追いこせそうだよね。ゼノンの説明は、どこがおかしいのかな?

ねえ、知ってる?

変わった名前

ものすごく大きな数は、聞きなれない名前がつけられることが多いんだ。1のあとに0が100個ある数は「グーゴル」、そして「グーゴルプレックス」は1のあとに0が1グーゴル個ある数なんだって!

このような大きな数は、累乗で書かれるよ。

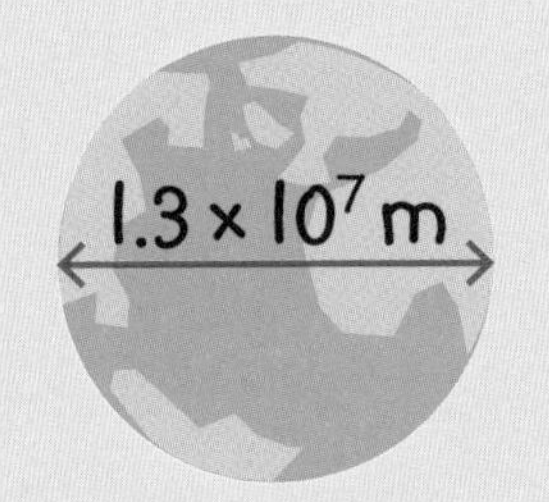

1.3×10^{7} m

地球の直径

ものすごく小さな数も累乗で表すことができる。小数点以下の場合、指数にマイナス符号をつけるんだ(たとえば 0.0000000001 は 10^{-10}と表すよ)。

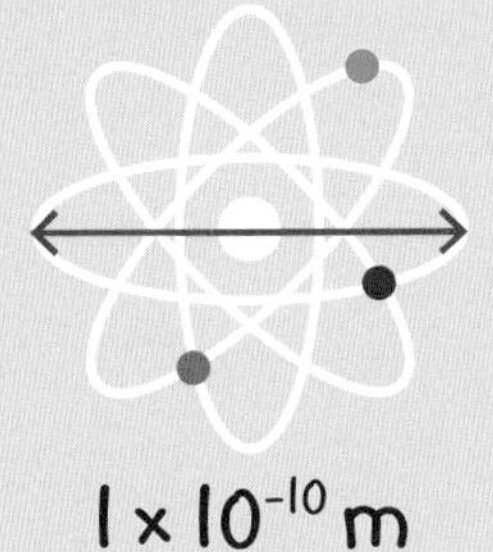

1×10^{-10} m

ある原子の大きさ

大きな数

日常生活で使う数よりはるかに大きいけれど無限ではない、ものすごく大きな数がある。このような数値は桁が大きいので指数を使って表すことが多いんだ。こうすれば、観測可能な宇宙の大きさ(8.8×10^{26}メートル)や、人体の細胞(さいぼう)の数(3.72×10^{13}個と考えられている)や、さまざまな物質の原子の数などを表すことができる。

どうやって秘密を守ったの？

安全に秘密を守る一番いい方法ってなんだと思う？　それは数学を使うこと！　長い歴史を通して、人々は自分たちの秘密が敵や悪者の手にわたらないように、暗号を使ってきた。暗号は、おもにコード（単語やフレーズごとに、前もって決められた文字や数などに置きかえるもの）とサイファ（１文字ごとに、前もって決められた別の文字や数などに置きかえるもの）に分類できるよ。

ねえ、知ってる？

暗号文

暗号文や暗号学などを表す単語、cryptography（クリプタグラフィ）。cryptoは「かくれた」や「秘密の」という意味のギリシア語 “*cryptos*”、graphyは「書いたもの」という意味のギリシア語 “*graphein*” がもとになっているんだ。

火の明かりのメッセージ

古代ギリシアの軍人たちは、戦場で離れた場所にいる味方と連らくを取り合うのに、かべに取りつけた “たいまつ”（棒の先に火をつけたもの）で数を表して暗号にしていた。火のついたたいまつの数が、マス目に書かれた文字の表（「ポリュビオスの暗号表」といわれているよ）の横列とたて列の位置に対応していたんだ。たとえば「H」を表すときは、火のついたたいまつを、かべの右側に２本（横２列目）、左側に３本（たて３列目）置いたんだよ。

	1	2	3	4	5
1	A	B	C	D	E
2	F	G	H	I	J
3	K	L	M	N	O
4	P	Q	R	S	T
5	U	V	W	X	Y/Z

2/3 1/5 3/2 3/2 3/5

= H E L L O

（こんにちは）

紀元前３世紀ころ

シーザー暗号

古代ローマの将軍、ユリウス・カエサル（英語読みでは“シーザー”）は、部下の軍人たちに秘密の命令を送るとき、換字式暗号を使っていた。これは、「シーザー暗号」（または、シフト暗号）といわれ、アルファベット文字をABC順にならべ、前もって伝えておいた数の分だけ移動した位置の文字に置きかえるというものなんだ。たとえば、もとの文字から移動する数を3と約束をしておけば、「a」は「d」に、「b」は「e」になるってことだよ。

できるかな？

暗号を解読せよ

思いがけず、きみは極秘（絶対にもらしてはいけないってこと！）文章を手に入れた。でも、それはシーザー暗号で書かれていたんだ。きみはこの暗号文を平文になおせるかな？

暗号文：ZH DUH QRW DORQH

（答えはp.127にあるよ）

a	b	c	d	e	f	g	h	i	j	k	l	m	n	o	p	q	r	s	t	u	v	w	x	y	z
D	E	F	G	H	I	J	K	L	M	N	O	P	Q	R	S	T	U	V	W	X	Y	Z	A	B	C

上の列は、「平文」（暗号に置きかえる前のもとの文章）の文字

下の列は、「暗号文」（暗号化された文章）の文字

PRYH DW GDZQ = move at dawn（夜明けに動け）

紀元前50年ころ

9世紀

よく使われる文字

アラブ人の哲学者、アル・キンディーは、古代の文章に書かれた換字式暗号をくわしく調べた。そして、暗号文がどんな言語で書かれていても、そこで使われる回数が最も多い（頻度が高い）文字は、たいてい、その言語で最もよく使われる文字だということに気づいたんだ。これを利用して「頻度分析」という暗号解読法ができたんだよ。

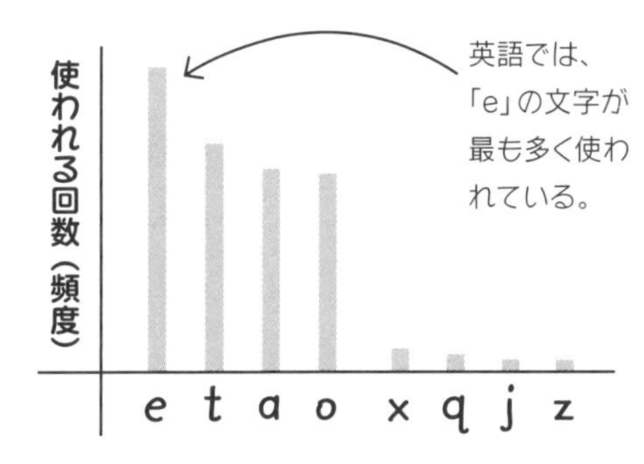
使われる回数（頻度）
e t a o x q j z
英語では、「e」の文字が最も多く使われている。

回転する暗号円盤

イタリアの建築家、レオン・バッティスタ・アルベルティは、暗号円盤といわれる道具を発明した。それは、まわりに記号や文字がほられた、大小2つの円盤を重ねて中心をピンで留め、内側の円盤が回転するようになっていた。暗号を解読するときは（たとえば暗号文が “F&MS&*F” なら）、暗号文の最初の文字（この場合 “F”）が、前もって決めておいた開始文字（この場合 “s”）とぴったり合うまで、小さい円盤を回す。この円盤の位置で、そのほかの文字がどの文字になるかわかり、もとの文章（この場合 “secrets”）が導き出せるんだよ。アルベルティが考えた暗号はシーザー暗号よりも解読するのが難しかった。というのも、暗号文には、数文字ごとに円盤の位置をセットしなおすための指示もふくまれていたからなんだ。

本の中にかくす

印刷機が発明されて本が広く手に入るようになってから70年後、ヤコポ・シルヴェストリが本を使った暗号法を発明した。この方法は、メッセージを送る人と受ける人が同じ本をそれぞれ手元に用意しておこなうんだ。もとの文章の単語は、その本の中にあるもので、その単語の位置にかかわる数字（ページや前から何番目など）が受ける人に送られる。そして、その番号を使って、本から適切な単語を見つけるというやり方だよ。

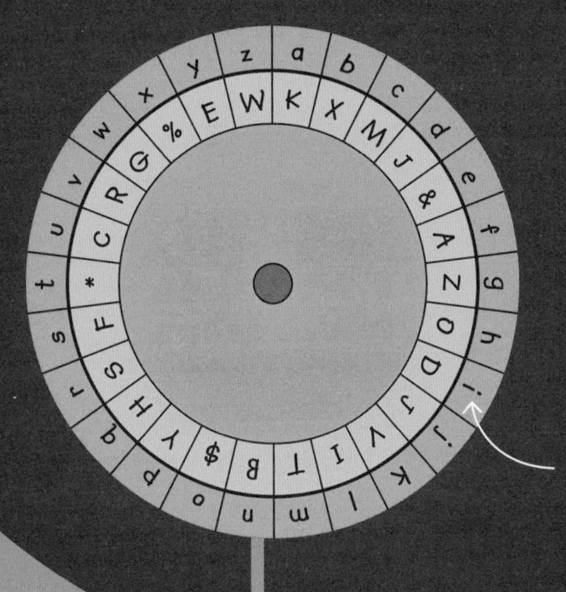
a b c d e f g h i j k l m n o p q r s t u v w x y z
K X M J & A Z O D J V I T B $ Y H S F * C R G % E W

内側に円形にならぶ文字は暗号の文字で、外側にならぶ文字は平文の文字だ。

1467年

1526年

1586年

ヴィジュネル暗号

フランスの外交官で暗号研究者のブレーズ・ド・ヴィジュネルは、シーザー暗号をさらに発展させた。もとの文章の各文字を暗号化するため、マス目状のアルファベット表をつくったんだ。ヴィジュネルの暗号はほとんど解読不可能で、何世紀もの間、解読されなかったんだよ。

モールス符号

何世紀もの間、秘密の情報は、使者が歩いたり馬に乗ったりして、直接伝えていた。でも、電信（符号を送ったり受けたりする電気通信）の発明によって、長距離の通信があっという間にできるようになったんだ。アメリカの発明家サミュエル・モールスは、短点（・）と長点（－）を使うモールス符号を思いついた。機械を軽くたたいてこれらを組み合わせたモールス信号にして、アルファベットの文字を伝えるんだよ。

国際モールス符号

A	・－	N	－・
B	－・・・	O	－－－
C	－・－・	P	・－－・
D	－・・	Q	－－・－
E	・	R	・－・
F	・・－・	S	・・・
G	－－・	T	－
H	・・・・	U	・・－
I	・・	V	・・・－
J	・－－－	W	・－－
K	－・－	X	－・・－
L	・－・・	Y	－・－－
M	－－	Z	－－・・

1586年

1830年代

できるかな？

秘密のメッセージを送ろう

モールス符号を使って、友だちに秘密のメッセージを書いてみよう。

危険なたくらみを見つける

メアリー・スチュアートは、自分がイングランドの正当な女王だと信じていた。彼女とその支持者たちは、当時の女王だったエリザベス１世を暗殺する計画を立て、その計画の相談に、ある換字式暗号を使っていた。でも、エリザベス１世に仕え、秘密情報の調査機関のトップを務めていたフランシス・ウォルシンガム卿は、この暗号文をひそかに手に入れて解読し、その危険な計画を知ったんだ。メアリー・スチュアートはのちに反逆罪で処刑されてしまったんだよ。

ピッグペン暗号

ピッグペンは、アメリカの南北戦争（1861～1865年）中に、敵の南軍につかまった北軍兵士が、味方どうしで使った換字式暗号の一つだ。英語のアルファベット文字は、直線でできた4種類のマスのような形の一つに入っていて、各文字を表す記号は、その文字のまわりの線の形になっている。JからRの形と、WからZの形には、点が加えられているよ。

A B C
D E F
G H I

J K L
M N O
P Q R

S
T U
V

W
X Y
Z

= escape this way
（こっちへ逃げろ）

1861~1865年　1939~1945年

戦争中の機密情報

第二次世界大戦中、ドイツ軍は「エニグマ」とよばれる機械を使って情報を暗号化していた。この機械で暗号化されたすべての文章を解くかぎは158,000,000,000,000,000,000通りもありうるので、正しいかぎを知らない人が全部試したら時間がかかりすぎるため、ほとんど解読不可能な設定になっていた。でも、エニグマには欠点があった。そして、これを発見した数学者のアラン・チューリングと優秀なチームが最終的に解読方法を考え出した。これによって、イギリスの暗号学者（ほとんどが女の人だったんだよ）は、ドイツの極秘情報の多くを解読することができたんだ。

イギリスのブレッチリー・パークに置かれた暗号学校の数学者たちは「チューリング・ボンベ」という計算機械を使って、暗号化されたドイツの電文を解読するのに役立てた。

ねえ、知ってる？

エニグマ暗号機

ドイツ軍はエニグマ暗号機の設定を毎日変えていたので、対戦する連合国の暗号解読者たちがその秘密の電文を解読するのは、時間とのたたかいだったんだ。

ねえ、知ってる？

未解決のミステリー

アメリカ中央情報局（CIA）の本部の庭に、『クリプトス』（「かくされた」という意味）とよばれる、アメリカの芸術家ジム・サンボーンの彫刻（ちょうこく）作品がある。このデザインに組み込まれている暗号は、1990年に完成して以来、暗号解読を試みるアマチュアにも、CIAの暗号専門家にも、完全には解読されてないんだよ。

インターネット時代の暗号化

今では、暗号はインターネット上のやり取りを安全に保つのに役立っている。暗号化を考える人たちは、不正にコードを解読して人々の個人情報を盗もうとする悪い人間から守るため、常により複雑な暗号化に取り組んでいるんだ。

1974年

現在

宇宙人へのメッセージ

プエルトリコのアレシボ天文台から、銀河系の端にあるM13という星団に向けて、科学者たちが電波でメッセージを送った。宇宙人が受信して読んでくれることを期待しているんだよ。メッセージが星団に届くまでには約2万5000年かかり、返信がもどってくるまでに同じ時間がかかる。メッセージはバイナリコード（文字を表すために1と0を使うシステム）で書かれている（右の図はそれぞれの絵がわかりやすいように色がついているけれど、実際には白と黒だけで表されているよ）。

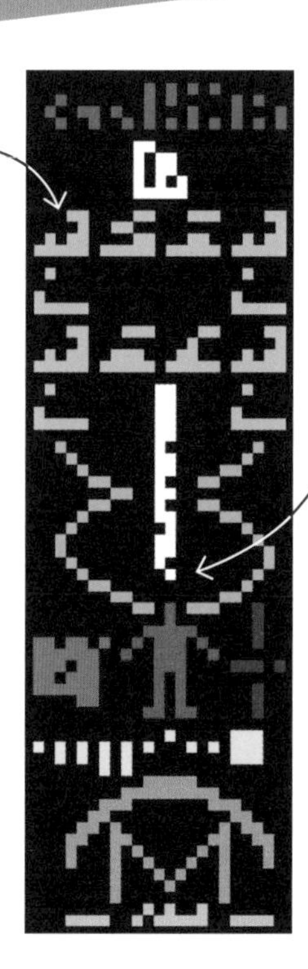

絵として表した、アレシボ・メッセージはこんな感じだよ。

メッセージには、人間のDNAや地球の位置を示した太陽系の地図などについて書かれている。

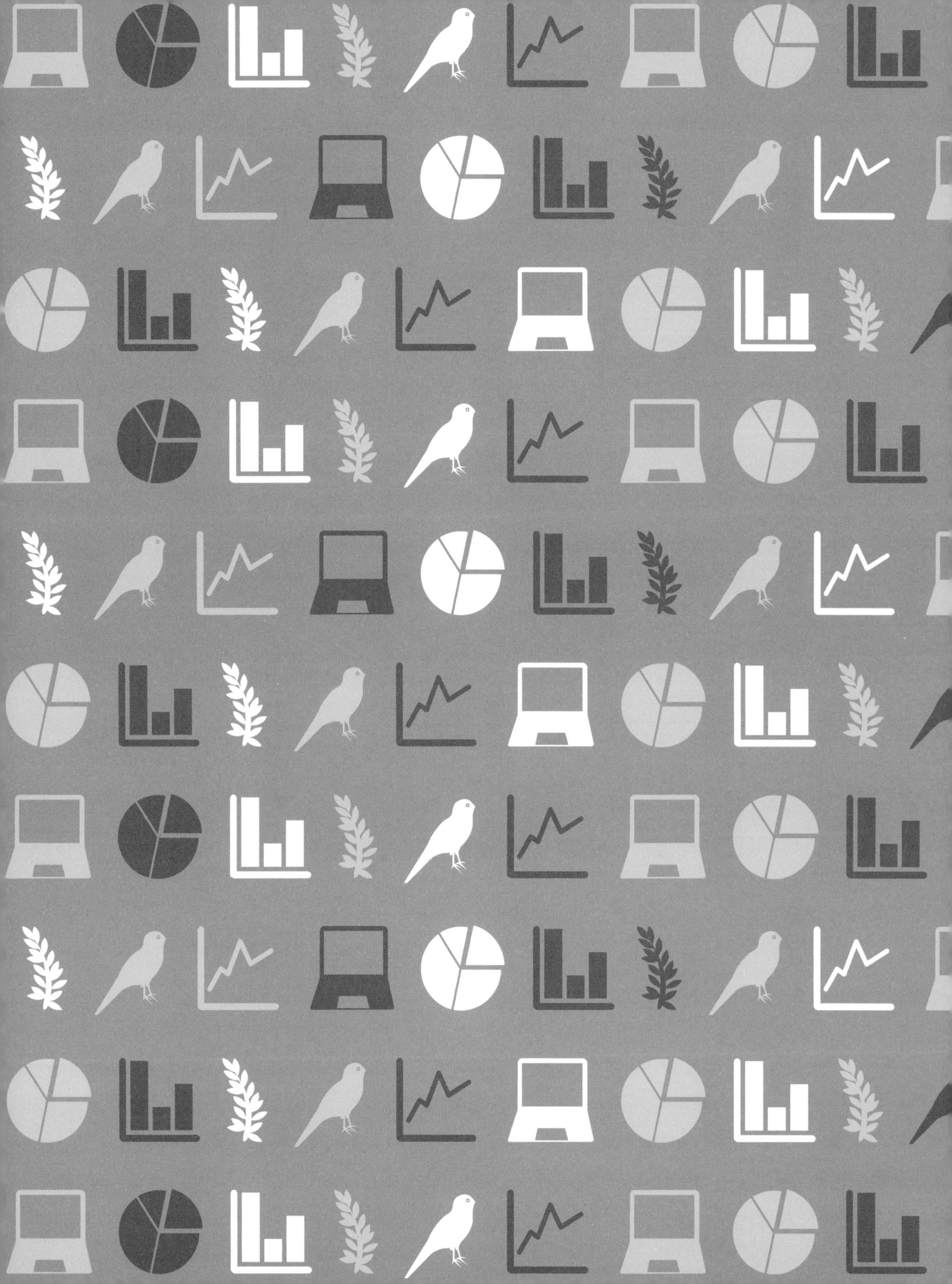

なんのためにあるの?

データと統計

今は情報化時代だ。長い歴史のなかで、これまでにないほどたくさんのデータや統計に囲まれている。数学を研究する人たちは、この情報を集めたり、理解したり、見るだけでわかるように表したりする、たくさんの方法を開発して、あらゆることの意味を理解できるようにしてきたんだ。数学には、おおよその量を見積もるためのかんたんな方法や、データを正確に分析するための公式がたくさんある。そのおかげで、きみも自分自身や身のまわりの世界について、より多く知ることができるんだよ。

おおよその数をどうやって言い当てたの？

数学的な計算がいつでも正確にできるとはかぎらない。そんなときは、数を見積もっておおよその計算（概算）をすることがよくあるんだ。見積もりをすれば、その問題のおおよその答えがどのくらいか、見当がつけられる。古代インドの王様は、できそうにない計算でも、自分で考えた見積もり方法で、実際に近い値が推測できることに気づいたんだ。

1 インドの古い伝説によると、優秀な数学者でもあった、リトゥパルナという王様が「わたしは、あの木に葉が何枚ついているかわかるぞ」と一緒にいた人に自慢したそうだ。

2 その人は王様のいうことが信じられず、その木を切りたおして、葉を全部手で数えたんだ。なんと、王様が言った数はほぼ正確だった！でも、いったい王様はどうやって言い当てたんだろう？

もっと知ろう

見積もりの計算（概算）

リトゥパルナ王は、木の葉を一枚一枚数えたわけじゃない。そのかわりに、見積もりの計算、つまり、概算をしたんだ。そのために、まず、小枝をいくつか選んで、1本についている葉の数を数えた。王様が数えた小枝の大部分に、おおよそ20枚の葉がついていた。

葉：19枚

葉：20枚

葉：21枚

次に王様は、大きい枝に小枝がだいたい何本あるか知る必要があった。数本数えたところ、大きい枝には4本から6本の小枝がついていたので、王様は「大きい枝1本あたりに約5本の小枝がついている」と見積もったんだ。

小枝：4本

小枝：6本

小枝：5本

葉20（枚）× 小枝5（本）
× 大きい枝10（本）
= 1000（枚）

最後に、王様は大きい枝の数を数えた。これは葉や小枝よりはるかに少ない数だったので、見積もりではなく実際に数えることができたんだ。大きい枝は10本だった。すべての数をかけ合わせて、その木には約1000枚の葉があると概算できたんだよ。

四捨五入

数値をそれに近い数（概数）にすることを「丸め」っていうんだよ。「四捨五入」もその一つだ。数値を丸めると計算がかんたんになることが多いんだ。なにかが18から19センチメートルの間の長さだったと想像してみて。正確に測ったら、18.7センチメートルかもしれない。でも、それを19センチメートルに切り上げれば、計算をよりかんたんにすることができるよ。

18.1、18.2、
18.3、18.4は
18に切り下げられる

18.5、18.6、18.7、
18.8、18.9は
19に切り上げられる

17.6 17.7 17.8 17.9 18 18.1 18.2 18.3 18.4 18.5 18.6 18.7 18.8 18.9 19 19.1 19.2 19.3 19.4 19.5 19.6 19.7 19.8 19.9 20

有効数字（桁数）	四捨五入した数
4	1171
3	1170
2	1200
1	1000

有効数字

四捨五入した値をどのくらい正確にするかは、状況に合わせて決められる。四捨五入した結果、信頼できる数字を「有効数字」というんだ。有効数字は、0ではない一番大きい桁（一番左）の数字から、一番小さい桁（一番右）の数字までの「数字の桁数」で表される。たとえば1171を四捨五入する場合、有効数字が4桁なら、数値はそのままだ。有効数字が3桁なら、1170になる。さらに2桁なら1200に切り上げ、1桁なら1000に切り捨てる、ということなんだ。

小数点以下の桁数	四捨五入した数
3	8.152
2	8.15
1	8.2
0	8

小数点以下の四捨五入

小数点以下の数字も四捨五入ができる。このような概数は距離、質量、温度などの測定値にはとても便利なんだ。このような測定値は、小数点以下2桁（小数第2位）までにすることが多いんだよ。

概算

計算機なしで急いでめんどうな計算をしなければならない場合、四捨五入は本当に便利なんだ。四捨五入すると、計算がちょっとかんたんになって、それでも正確な値に近い答えが求められることが多いんだよ。

ねえ、知ってる？

本には文字がいくつあるか

きみが読んでいる本に文字が全部でだいたいいくつあるか、考えたことある？ これは、1ページに書かれた文字数を数え、その数にページの総数をかけることで見積もることができるんだよ。

暗算するには、この数字はちょっとめんどうだよね。

168 + 743 = 911

四捨五入して168を170に、743を740にしたら、ちょっとかんたんになった。

170 + 740 = 910

200 + 700 = 900

有効数字が1桁になるよう四捨五入し、200＋700にすれば暗算できる。その答えの900は正確な答えの911と比べてもそれほどちがわない。

やってみよう

すばやい買い物のしかた

商品をいくつかまとめて買うとき、合計金額を知りたい場合は、四捨五入を使うと便利だ。たとえば、この買い物なら、たし算をする前に100の位を四捨五入して、どれも1000円単位のかんたんな数字にするんだ。つまり、自転車は16,000円、ライトは2,000円、ヘルメットは5,000円とみなすってこと。これらを合計すると、23,000円だ。実際の値段の合計は、22,988円だよ。

今度、きみが買い物に行くとき、品物の値段を四捨五入しておおよその数にしてから、たし算してごらん。そして、実際の値段の合計ときみが概算した見積もりの値段を比べてみよう。

15,999円
1,779円
5,210円

ホントの話

大きな集団の人数の数え方

人がものすごくたくさん集まっているとき、おおよその人数を知るのに、アメリカのハーバート・ジェイコブスという人が考えた方法が使われている。まず、人々の集まりを同じ面積の区画に分けて、1つの区画に何人いるか数え、次に、その人数と分割した区画の数をかけるだけなんだ。

どうやって
インチキを見破ったの？

19世紀のフランスでのこと。数学者のアンリ・ポアンカレは、焼きたてのパンを買おうと、地元のパン屋に毎日出かけていた。そのパン1本の重さは「1キログラム」と表示されていた。でも、本当はパン屋がそれより軽いパンを売って、表示を信じるお客さんたちをだましているのではないか、と疑いをもったポアンカレは、自分で調べようと考えた。そして、パンの重さの代表値（ポアンカレは平均値を使った）を計算して、パン屋がインチキをしていることを見破ったんだよ。

1 ポアンカレは、地元のパン屋が売っているパンは、宣伝している重さよりも絶対に軽いと感じていた。そして、そのことを証明するために、証拠を集めようと考えたんだ。
2 そこでポアンカレは、1年間、毎日、パン屋から同じパンを1本買って重さを測り、その結果をグラフにまとめた。そうして、自分の予想はまちがいないという手ごたえを感じ始めた。

3 1年後、自分が買ったパンの重さの平均値を計算してみると、950グラムしかなかった(表示された重さよりも50グラム少ないってこと!)。ポアンカレは警察にこのことを届け出た。そして、パン屋は罰金をしはらうことになったんだよ。

もっと知ろう

平均値

パン屋のインチキを見破るために、ポアンカレは自分が買ったすべてのパンの重さの代表値を計算した。たくさんのデータの特徴を表す代表値には平均値・中央値(メジアン)・最頻値(モード)の3種類がある。ポアンカレが地元のパン屋を調べるために使ったのは、平均値だった。これを計算するためには、それぞれのパンの重さを全部たさなければならない。たとえば、7本(1週間分のパンの数)だったら、こんなふうに計算するんだよ。

$$950\,g + 955\,g + 915\,g + 960\,g + 1005\,g + 850\,g + 1015\,g = 6650\,g$$

そして、この合計の重さをパンの数で割ったんだ。

$$\frac{6650\,g}{7} = 950\,g$$

この計算で、ポアンカレが1週間に買ったパンの重さの平均値は950グラムだということがわかった。その中に1キログラムより重いものがあったとしても、重さの平均値は表示よりも軽かった。

データをグラフに表す

警察にインチキの証拠を示すため、ポアンカレは測ったパンの重さのデータをグラフに表した。このグラフは、パンの重さが950グラム前後のものが多いことを示しているんだ。

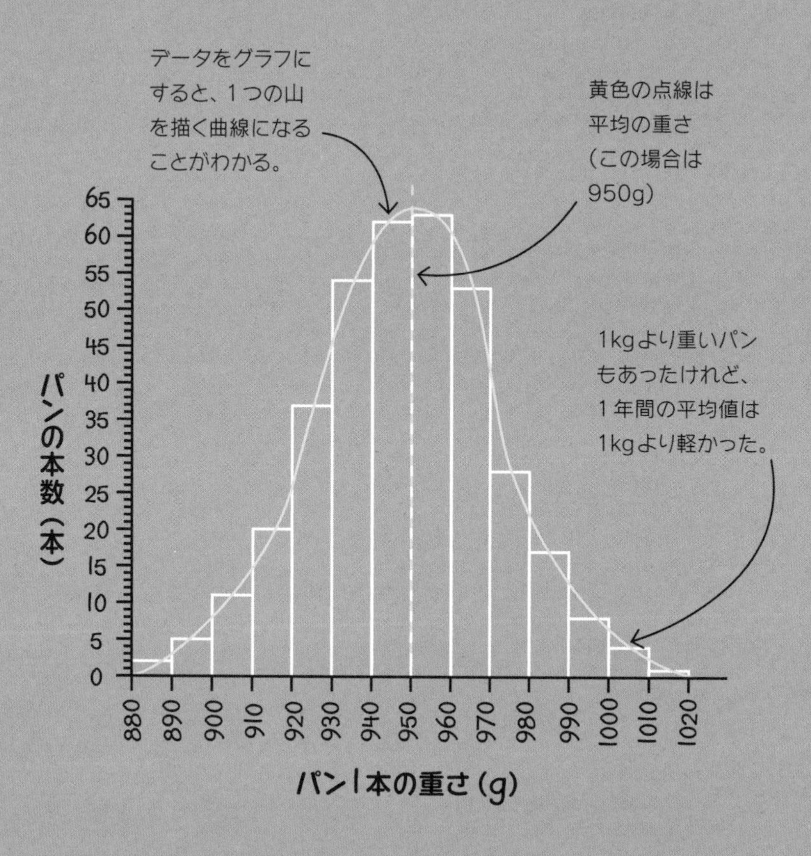

データをグラフにすると、1つの山を描く曲線になることがわかる。
黄色の点線は平均の重さ（この場合は950g）
1kgより重いパンもあったけれど、1年間の平均値は1kgより軽かった。
パンの本数（本）
65
60
55
50
45
40
35
30
25
20
15
10
5
0
880
890
900
910
920
930
940
950
960
970
980
990
1000
1010
1020
パン1本の重さ（g）

中央値（メジアン）

代表値のもう1つのタイプは、中央値（メジアン）だ。データを小さいほうから順にならべたとき、真ん中にくるものが中央値なんだ。これは、そのデータの中に特別大きい値や特別小さい値がふくまれている場合に、ぴったりな代表値だ。というのも、データの中に、ほかの値から大きく外れた値（外れ値）があると、平均値の場合は影響を受ける。たとえば、7本のパンの重さの平均値を知りたいとき、1本だけ、ほかよりもはるかに重い場合、計算した平均値は、ほかのパンの重さよりかなり重くなることがあるんだ。

このパンだけ、ほかより特に重い。このようなデータの値を外れ値というんだよ。

850g　920g　950g　955g　960g　1005g　1500g

中央値とは、すべてのデータを小さい順にならべたときに真ん中にくる数値のこと。この場合は955gになる。

この7本のパンの重さの平均値は1020gだ。この値は、ほかの6本のパンの重さより重くなってしまう。

最頻値(モード)

最頻値(モード)は、別のタイプの代表値だ。これは、たくさんのデータの中で最も多く現れる値のことなんだ。たとえば、パン屋で最も人気のあるケーキを知りたい場合は、平均値や中央値よりも役立つことがあるよ。

チョコレートケーキ	7
ストロベリーケーキ	6
レモンケーキ	3

どのケーキよりもチョコレートケーキが最も売れている。だからチョコレートが最頻値だよ。

ホントの話

集団の知恵

あるグループの人たちに「入れ物の中のお菓子の数を当ててみて」と聞いたら、すべての人の答えの中央値は、実際のお菓子の数にとても近くなる。中央値はこのような場合にぴったりな代表値なんだ。

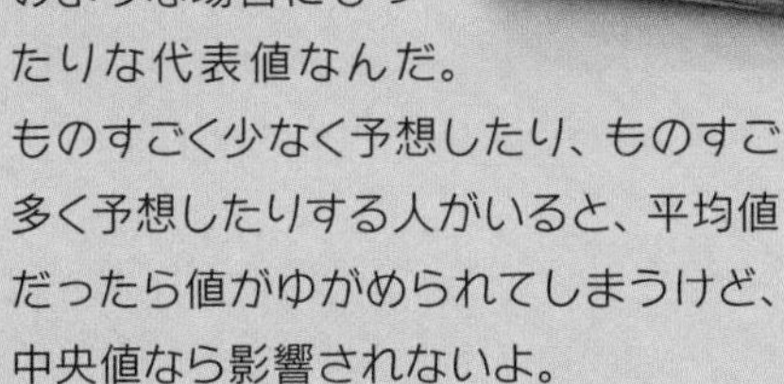

ものすごく少なく予想したり、ものすご多く予想したりする人がいると、平均値だったら値がゆがめられてしまうけど、中央値なら影響されないよ。

やってみよう

クラスメートの身長の代表値

クラスの友だちの身長の代表値を知りたいとしよう。このような場合、一番一般的な方法としては平均値を求める。つまり、全員の身長をたして、その和を生徒の人数で割るという計算をするんだ。たとえば、次のようになる。

$$150\text{ cm} + 142\text{ cm} + 160\text{ cm} + 155\text{ cm} + 137\text{ cm} + 140\text{ cm} + 155\text{ cm} + 152\text{ cm} + 155\text{ cm} + 170\text{ cm} + 145\text{ cm} = 1661\text{ cm}$$

$$\frac{1661\text{ cm}}{11} = 151\text{ cm}$$

上の11人の身長のデータを使って、その中央値と最頻値を求められるかな? それができたら、次はきみのクラスの友だち全員の身長について、平均値、中央値、最頻値を求めてみよう。

このような場合、平均値、中央値、最頻値のどのタイプの代表値が一番役に立つと思う? それから、一番役に立たないのはどの代表値かな?
(すべての答えはp.127にあるよ)

人口をどうやって見積もったの？

一人一人数えることができない場合、国の人口はどうやって計算すればいいんだろう？　この問題は、フランスの数学者ピエール=シモン・ラプラスの頭を悩ませた――1783年、ラプラスは、数学を使って、フランスの人口を正確に推定できるか考えた。そして、かしこい論理と驚くほどかんたんな計算を組み合わせた、すばらしい解決策を思いついたんだ。

1 1783年、フランス人のラプラスは、自分の国の人口がどれくらいか、見積もってみようと思いついた。

もっと知ろう

標本の集め方

ラプラスは、国の総人口（調査の対象となる「母集団」）は、生まれた赤ちゃん１人あたりの国民の数（母集団の一部分である「標本」の大きさ）を調べることで、推定できることに気づいた。そのころ、ほとんどの町は総人口の記録をしていなかった。でも、いくつかの町では記録を残していたので、それを利用していくつかの計算をおこなったんだよ。

2つの量の関係は「比率」といわれ、2つの情報は“コロン(:)”を使って区切るんだ。
1：28は「1対28」と読むよ。

赤ちゃん1人：国民28人

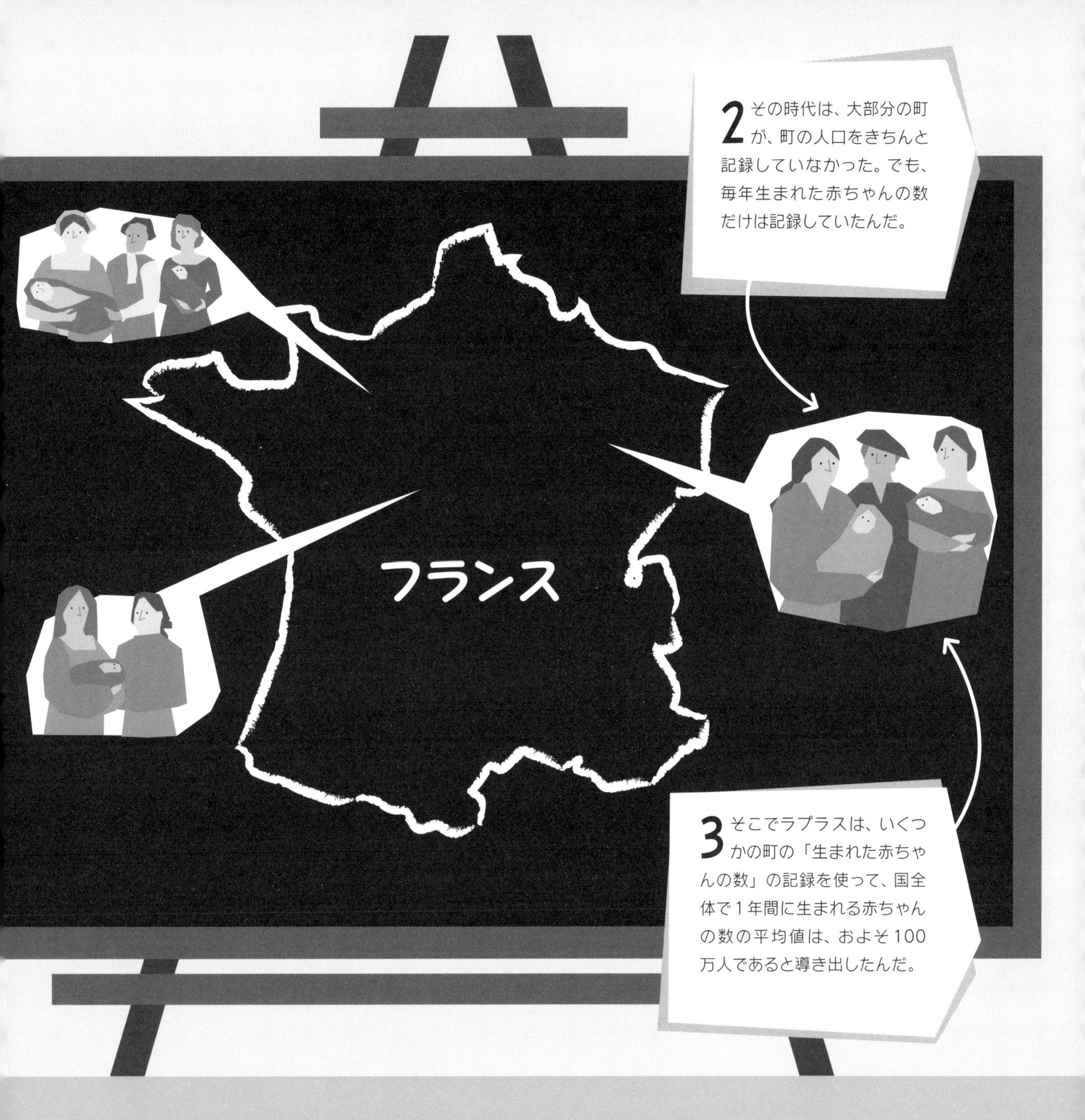
2 その時代は、大部分の町が、町の人口をきちんと記録していなかった。でも、毎年生まれた赤ちゃんの数だけは記録していたんだ。
フランス
3 そこでラプラスは、いくつかの町の「生まれた赤ちゃんの数」の記録を使って、国全体で1年間に生まれる赤ちゃんの数の平均値は、およそ100万人であると導き出したんだ。

ラプラスは、平均すると、フランスの国民28人に対して1人の赤ちゃんが生まれたことを発見した（56人に対しては、2人の赤ちゃんが生まれるってこと）。だから、フランスの総人口を推定するには、28に1,000,000（その年にフランスで生まれたおおよその赤ちゃんの数）をかけるだけで求められる。この人口推計方法は、標本から母集団の数を推定する、「捕獲再捕獲法」（または標識再捕獲法）として知られるようになったんだよ。

$$28 \times 1{,}000{,}000 = 28{,}000{,}000$$

動物の個体数の推定

ラプラスの捕獲再捕獲法は、動物の個体数（生きている生物の数）の見積もりにも利用できるんだ。森にすんでいる鳥（母集団）の数を調べたいとしよう。まず、何羽かの鳥をつかまえ、それぞれに印として足輪をつける。これが最初の標本（母集団の一部分）だ。この鳥たちを放して、しばらくしてから２番目の標本をつかまえる（再捕獲）。２番目の標本の中には、すでに足輪がついている鳥が混じっているだろう。それは、最初の標本にふくまれていた鳥だ。

1番目の標本の数　8羽

つかまえた鳥にそれぞれ足輪をつけてから放し、森全体の鳥に混ざるようにした。

2番目の標本としてつかまえた10羽の中に混じっている、足輪つきの鳥は、1番目の標本だった鳥だ。

2番目の標本の数は　10羽（4羽が足輪つき）

2番目の標本の10羽のなかには、足輪つきの鳥が4羽いた。つまり「足輪つきの鳥の数」と「すべての鳥の数」の比率は4:10で、これをもっとかんたんにすると1:2.5になる。

2番目の標本の比率1:2.5は、1番目の標本（足輪つきの鳥の数8）と母集団（森のすべての鳥の個体数）の比率と同じ可能性が高い。つまり、森のすべての鳥の個体数は、最初の足輪つきの鳥の数（8羽）の2.5倍ってことだ。だから、8に2.5をかけるだけで、森には20羽すんでいると推定できる。

$$8 \times 2.5 = 20\ (\text{羽})$$

ホントの話

野生のトラ

科学者たちは、絶滅のおそれがある動物の個体数を推定するのに、捕獲再捕獲法を使っているんだ。たとえば野生のトラの場合、森のけもの道に沿ってカメラをしかけておいて、通ったトラの写真を撮る。このとき、同じトラを何度も数えないように、それぞれの体のしま模様で個体を見分けているんだよ。

推定をもっと正確にするには

個体数の推定をもっと正確にするには、この調査方法を何回かくり返しおこなうといいんだ。得られた結果の平均値を計算することによって、より信頼できる数がわかるよ。

	つかまえた鳥の数	足輪つきの鳥の数	推定された個体数
1回目の再捕獲	10	4	20
2回目の再捕獲	12	6	16
3回目の再捕獲	9	4	18

$$\text{推定値の平均} = \frac{20 + 16 + 18}{3} = 18\ (\text{羽})$$

標本の再捕獲の回数

再捕獲が1回だけのときは、森の鳥の個体数は20羽と推定したけれど、3回やってみると、より正確になり、もっと少ない数だったことがわかったよ。

やってみよう

大量なものの数の見積もり方

ふたのついた大きなビンに赤色のビーズがぎっしり入っているよ（だけど、きみはいくつ入っているか知らない）。

そこから40個の赤色のビーズを取り出し、その代わりに40個の青色のビーズを入れるんだ。それからふたをしっかり閉めて、思い切りよく振って混ぜる。

次に、目かくしをして、ふたを開けたビンの中から50個のビーズを取り出してみよう。ビーズは1つずつ数えて空っぽの入れ物に入れるよ。

終わったら目かくしを外して、取り出した50個のビーズの中に、青色のビーズが何個ふくまれているか数えるんだ。その結果が4個だったとする。

最初にビンの中には何個ビーズが入っていたか、見積もることができるかな？　左のページでやった方法で比率を計算し、それを使って赤色のビーズの総数を推定してみよう。
ヒント：ビンから取り出した青色のビーズの数と取り出したビーズの総数の比率はどうなるかな？
（答えはp.127にあるよ）

データでどうやって世の中を変えたの？

1853年から1856年の間、イギリス、フランス、サルデーニャ王国、オスマン帝国は、ロシア帝国と戦争をくり広げた。この戦争は、おもに黒海の近くのクリミア半島で戦われ、何万人もの兵士が亡くなった。陸軍の将軍たちは、クリミアで亡くなった兵士の大部分が、戦いで負ったケガが原因で死んだと考えていた。でも、イギリスの看護師フローレンス・ナイチンゲールは、死因は別にあると考えたんだ。実際には、汚いうえにネズミやノミがはびこる軍の病院の衛生状態が原因で、兵士たちが死んでいることを証明しようと考えた——そして、ナイチンゲールはデータを使ってこれを成しとげたんだ。

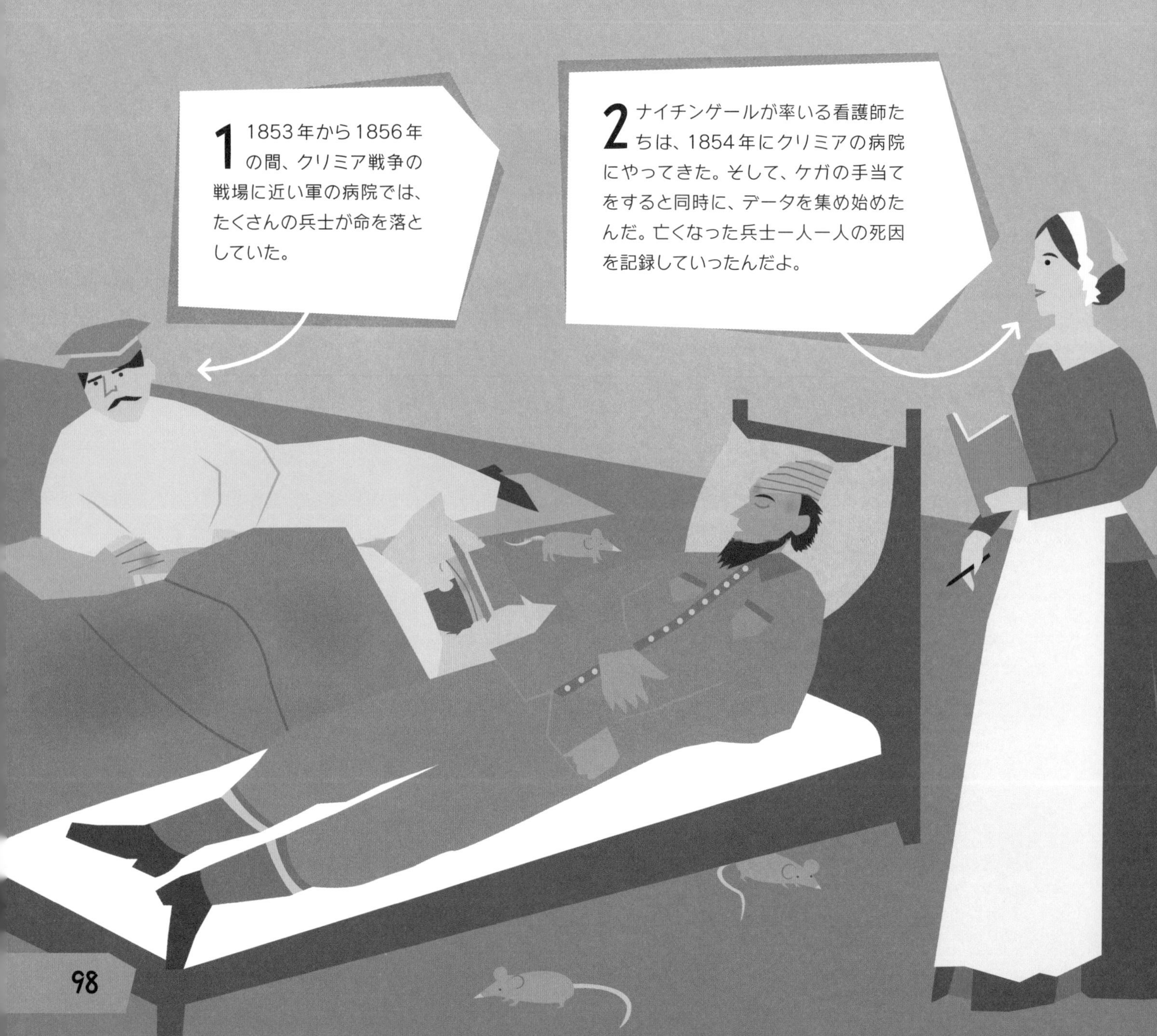

1 1853年から1856年の間、クリミア戦争の戦場に近い軍の病院では、たくさんの兵士が命を落としていた。
2 ナイチンゲールが率いる看護師たちは、1854年にクリミアの病院にやってきた。そして、ケガの手当てをすると同時に、データを集め始めたんだ。亡くなった兵士一人一人の死因を記録していったんだよ。

もっと知ろう

データの示し方

ナイチンゲールは、ただ数字を書きならべる表のかわりに、現代の円グラフに似た円形の図にして、自分の発見を示した。「鶏頭図（けいとうず）」（鶏のトサカみたいってこと！）として知られるこのグラフは、兵士の死因の大部分が戦争で負ったケガではなく、病院の衛生状態が改善されれば、実際には予防できることを示していた。このシンプルで説得力のあるグラフは見ただけでよくわかるので、一般の人々が見られるように、たくさんの新聞で紹介されたんだ。数学の専門家じゃなくてもかんたんにわかるようにデータを表すことで、ナイチンゲールは陸軍の将軍に対して、軍の病院の改善にお金を使うよう説得したんだよ。

クリミアにおける兵士の死因（1854年7月〜1855年3月）

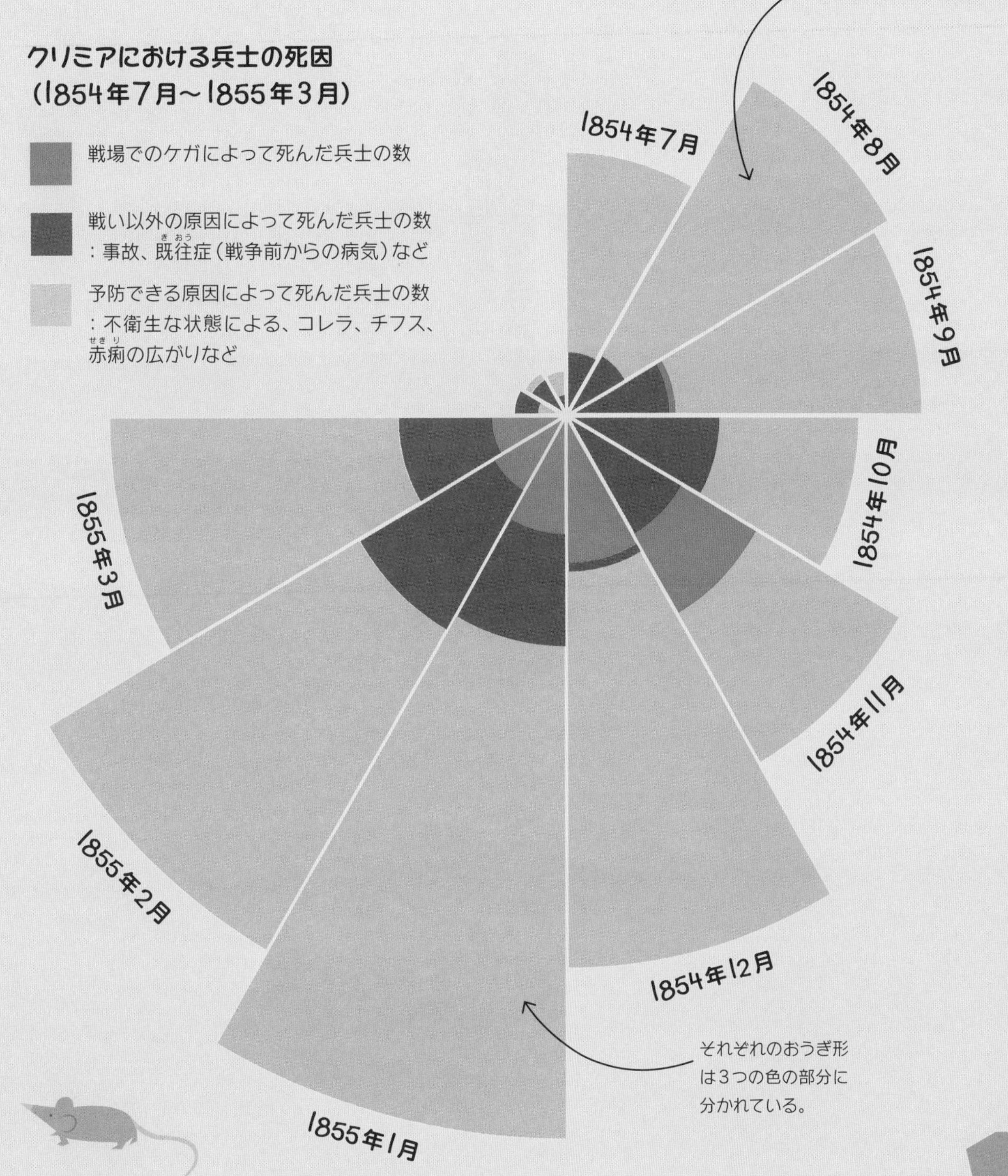

戦場でのケガによって死んだ兵士の数
戦い以外の原因によって死んだ兵士の数
：事故、既往症（きおうしょう）（戦争前からの病気）など
予防できる原因によって死んだ兵士の数
：不衛生な状態による、コレラ、チフス、赤痢（せきり）の広がりなど
それぞれのおうぎ形は各月を表す。おうぎ形が大きいほど、その月に死んだ兵士の数が多い。
1854年7月
1854年8月
1854年9月
1854年10月
1854年11月
1854年12月
1855年1月
1855年2月
1855年3月
それぞれのおうぎ形は3つの色の部分に分かれている。

事実をデータで示す

19世紀の改革でデータを使ったのは、フローレンス・ナイチンゲールだけじゃなかった。イギリス人の医師のジョン・スノウと、フランス人の土木技師のシャルル・ジョゼフ・ミナールも、データを、目で見てわかりやすい、おもしろい方法で示すことによって、社会を変える力強い主張をしたんだ。

コレラの発生をおさえる

1854年、イギリスのロンドンのソーホー地区でコレラが流行し、数百人が亡くなった。そのころ、この病気は町に漂うひどいにおいによって広がっていると考えられていた。でも、医師のジョン・スノウは、コレラが広がったのは飲み水が汚れていたせいだということを証明したんだ。その方法は、地図上で、コレラの死者の数を住んでいた場所に記入することだった。この地図を見ると、コレラで死んだ人がすべて同じ汚れた送水ポンプの水を使っていたことがわかったんだ。スノウの地図は、その地域の水道を清潔にすることが、病気の発生を防ぐために一番よい方法だということを証明したんだよ。

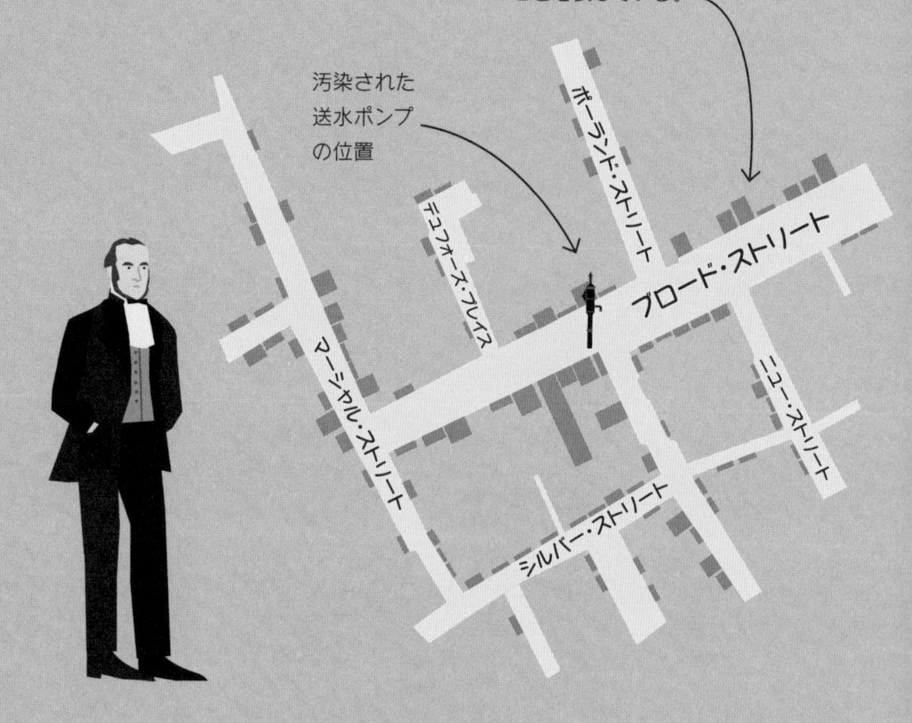
赤い長方形はそこで発生したコレラの症例数を示し、長方形が大きいほど、コレラによる死者が多いことを表している。
汚染された送水ポンプの位置
ポーランド・ストリート
ブロード・ストリート
デュフォーズ・プレイス
マーシャル・ストリート
ニュー・ストリート
シルバー・ストリート

死亡した兵士の数を表す

1869年、フランスの一部の人々が「フランス軍は最近の戦争で勝ってないぞ」と不満を言うようになっていた。これにゾッとした、フランス人の土木技師、シャルル・ジョゼフ・ミナールは、戦争で失われた命の数とそれがどれほどひどいことかを、その人たちに思い出させようと考えたんだ。ミナールがつくった「フローマップ」は、1812年にナポレオン1世のロシア遠征で亡くなった、ものすごくたくさんのフランス軍兵士の数がわかるようになっていた。その時代の戦争は続いたものの、ミナールのフローマップは、いろいろな情報が一目でわかるため、高く評価されたんだ。

厳しい冬になり、やがてロシアの応援部隊が集まってくることから、フランス軍はモスクワから撤退する（引き下がる）ことにした。

ナポレオンの軍隊は進みながらもロシア軍との戦いで命を落とし、赤い線の幅がせまくなっていく。

● モスクワ

フランス軍の撤退が始まる

6月にネマン川近くからロシア遠征に向かったフランス軍の兵士の数は、40万人以上いた（赤い線の幅で数を表している）。

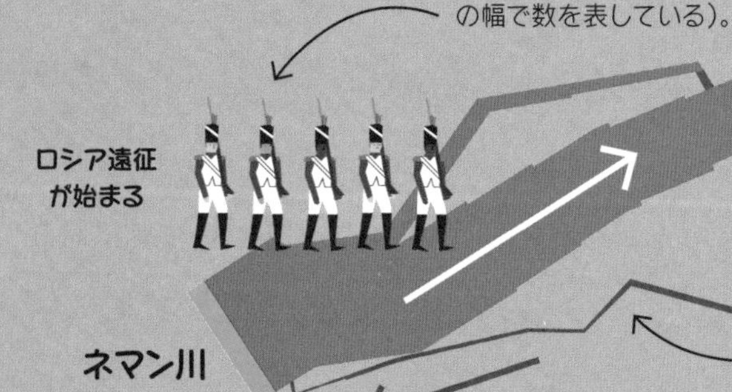
ロシア遠征が始まる
ネマン川

だんだん幅がせまくなっていくグレーの線は、ロシアから撤退するフランス軍の兵士の数が、病気や飢えや低体温症による死亡のため、しだいに少なくなっていったことを表している。

5カ月半後、ネマン川にもどってきたフランス軍兵士の数は1万人だけだった。

グラフの種類

グラフや図は、目で見てわかりやすいようにデータを示し、すばやく読み取ったり、かんたんに理解したりできるものなんだ。こうすることによって、データの分析や規則性の発見、そして結論を導き出すことがかんたんになる。グラフを効果的なものにするには、表示する情報に一番適した種類のグラフを選ぶことが重要だよ。

ねえ、知ってる？

ウィリアム・プレイフェア

棒グラフと円グラフと折れ線グラフを発明したのは、1700年代後半、スコットランドのエンジニアで秘密諜報員（スパイ）をしていた、ウィリアム・プレイフェアだった。色分けされた図のほうが、数字の表よりも情報をわかりやすく説明すると主張したんだよ。

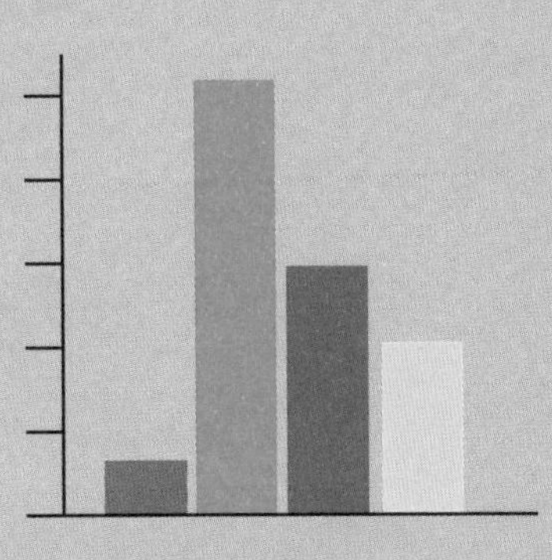

棒グラフ

よく見かけるこのタイプのグラフは、となりにならんだものの量をかんたんに比べることができる。

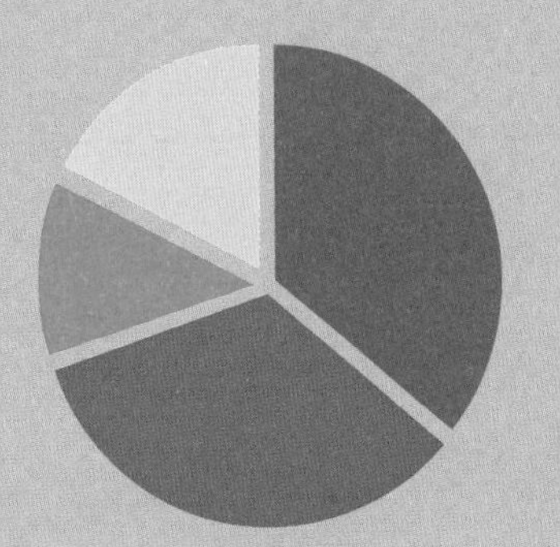

円グラフ

円グラフは、ピザを切り分けるように、円をいくつかのおうぎ形に分けるものなんだ。円はデータ全体の量を表し、それぞれのおうぎ形の大きさは、全体の中の割合を表している。

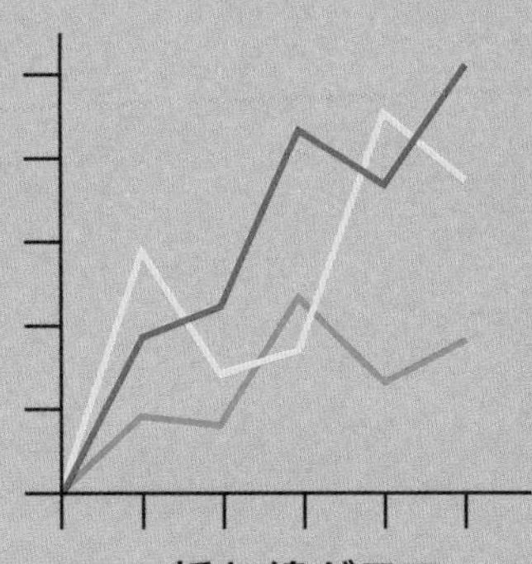

折れ線グラフ

折れ線グラフは、時間が過ぎるにつれて値がどのように変化していくか、なにか規則性があるのかを見つけるのに役立つ。

やってみよう

両親を説得する方法

ある生徒が、友だちの家での週末のお泊まり会に参加できるよう、両親を説得しようとしているよ。それには、この1週間、テレビやゲームよりも、お手伝いや宿題に一生けんめい取り組んできたことを示す必要があるとその子は考えた。月曜日から金曜日までの自由になる20時間のうち、その生徒は家のお手伝いに5時間、宿題に10時間、テレビに2時間30分、ビデオゲームに2時間30分ついやしていた。そして、このデータを円グラフで示したんだ。

次はきみの番だよ。最近5日間の空いた時間をどのようにがんばって過ごしてきたか、円グラフをつくってお家の人に見せてごらん。

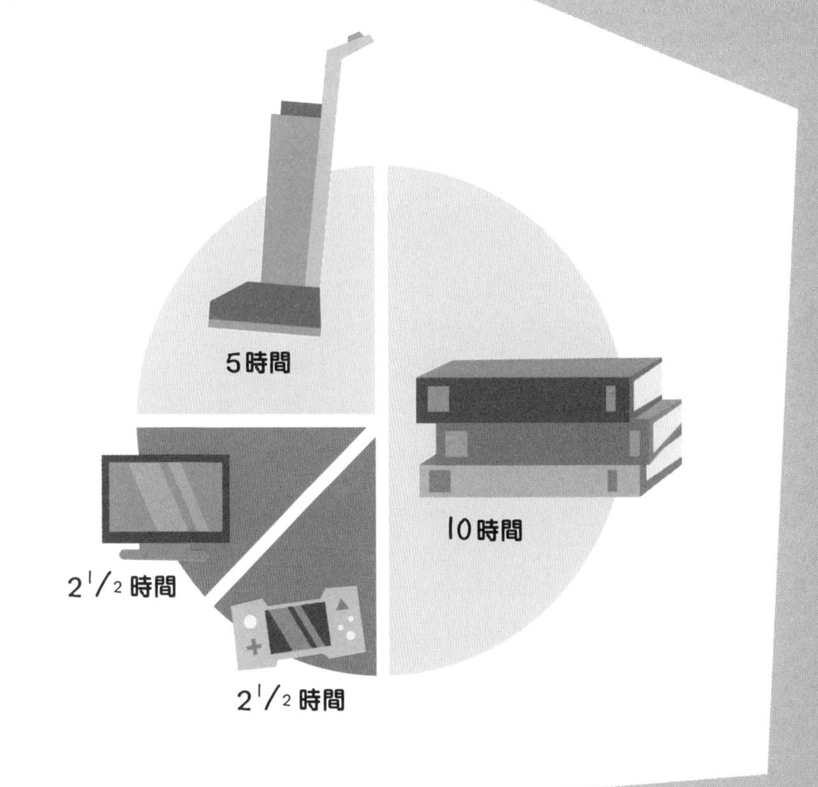
5時間
10時間
2 1/2 時間
2 1/2 時間

手間のかかる計算は どうやってしたの?

長い歴史を通じて、人々はものすごく大きな、または、ものすごく小さな数を計算するのに苦労してきた。10本の指で計算していた時代には、難しい計算なんて、頭脳テストのようなものだった。こうした問題を解決するために、単純なアバカス(そろばんのような計算器具)から、命令を特定の場所に入れて自動的に操作できる複雑な機械、つまり、現代のコンピュータまで、さまざまな計算機の発明につながったんだ。

アバカス

日本のそろばんや小さい子のおもちゃのように、棒に通した玉を動かすものをアバカスというんだ。でも、古代のシュメール(現在のイラク南部)で使われていた、最も古いアバカスは、それらとはまったくちがっていた。粘土の板に線を引いて、位取りのように5つのたて列に分け、くさび形文字の数字が書かれた粘土のトークンを、その値に合った列に置いて、たし算や引き算をしたんだよ。

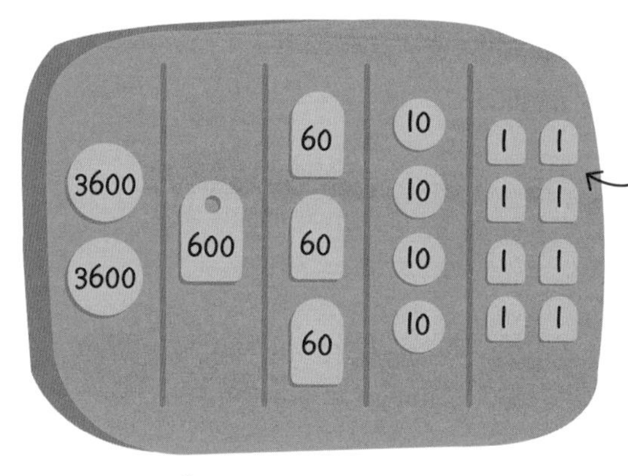
3600
3600
600
60
60
60
10
10
10
10
1 1
1 1
1 1
1 1

粘土板のたて列は、右から、1の位、10の位、60の位、600の位、3600の位になっていた(シュメール文明は60進法で、本当はくさび形文字の数字が書かれていたよ)。

7200 + 600 + 180 + 40 + 8 = 8028

紀元前2700年ころ　紀元前200年ころ　紀元前100年ころ

アストロラーベは、円盤を回転することによって、計算ができる。

位置の計算を助ける道具

アストロラーベは、船乗りや天文学者が空の星や太陽の位置を利用して、緯度などを計算するのに使われる道具だ。イスラムの発明家がさらにそれを発展させ、新たにダイヤルと円盤を加えた。これによって、アストロラーベによる計算が、はるかに正確になったんだよ。

歯車が使われた計算機

ギリシアのアンティキティラ島近くの海底に2000年前にしずんだ船の中で、真鍮製の歯車が使われた機械が、1901年に発見された。この「アンティキティラ島の機械」は、たくさんの複雑な計算をおこなって、特定の日の惑星や恒星の位置を予測するのに使われたと考えられ、世界最古の歯車式計算機といわれているんだよ。

この機械が発見されたとき、2000年間も海の底にあったせいで、もろく、ひどくこわれていた状態だった。

ネイピアの骨

スコットランドの学者のジョン・ネイピアは、難しいかけ算と割り算をかんたんにできるようにする、棒と基盤を使う計算道具をつくった。この道具は、最初は棒のかわりに骨を使っていたので、「ネイピアの骨」とよばれるようになったんだよ。それぞれの棒には数字が印刷されていて、ほかの棒といっしょに基盤にならべ、棒を動かして計算するしくみになっていた。

それぞれの棒には4面あるので、棒を回して別の面を使うことができる。

2 7 0 5 4 1

下のダイヤルを回すと、この窓に数字が表れる。計算の結果、1つのダイヤルの数が9をこえると、その左側の窓に1がたされる（つまり、くり上がりができるんだ）。

税金の計算

フランスでは、税金を徴収する仕事をしていた父親の計算を手助けするため、当時18歳だったブレーズ・パスカルが、最初の機械式計算機「パスカリーヌ」をつくり出した。いくつかの歯車とダイヤルを組み合わせたパスカルの計算機は、たし算しかできず、いつでも答えが正確とはかぎらなかった。それでも、当時としては、最も進歩した計算機だったんだ。パスカルは、のちにフランスで最も有名な数学者になったんだよ(p.122も見てね)。

1617年

1622年

1642年

1837年

計算尺にはスライドして動く部分があって、その上下に目もりがならんでいる。

計算尺

イギリスの数学者、ウィリアム・オートレッドが最初の「計算尺」を発明した。ポケットに入るくらい小さいサイズの計算道具で、めんどうな計算を数秒でおこなうことができたんだ。350年後に「電卓」に追いこされるまでは、これ以上ないほど役に立つ道具だったんだよ。

バベッジとラブレス

イギリスの数学者チャールズ・バベッジは「解析機関」を設計した。これは、蒸気で動く巨大な機械で、もし完成していれば世界初の機械式コンピュータになっていたんだ。また、世の中の先を見通す力があった、数学者エイダ・ラブレスは、この解析機関をプログラムするための数字で表した命令（コード）を書いたといわれている。この女の人は、現在では、世界初のコンピュータ・プログラマーとされているんだよ(p.7、p.122も見てね)。

チューリングと「ボンベ」

第二次世界大戦中、イギリスの数学者、アラン・チューリングは、ドイツの暗号を解読するため、連合国側ではたらいていた。そして、ドイツの暗号を読み解く電気式の機械の製作にたずさわったんだ。この機械は「チューリング・ボンベ」といわれている。その後、チューリングのたくさんのアイデアが、現代のコンピュータの開発に、驚くほど大きな影響を与えたんだ(p.54、p.82、p.125も見てね)。

ポケット電卓

電子計算機は、1950年代後半から世の中に広まっていたけれど、大きくて、デスクトップ（机の上に置いて使う）タイプだけだった。でも、マイクロチップのおかげで小型化できるようになって、持ち運べる電池式の計算機が生まれたんだ。手に持ってすばやく計算ができる機械はとても便利だったので、ポケット電卓は大ヒットしたんだよ。

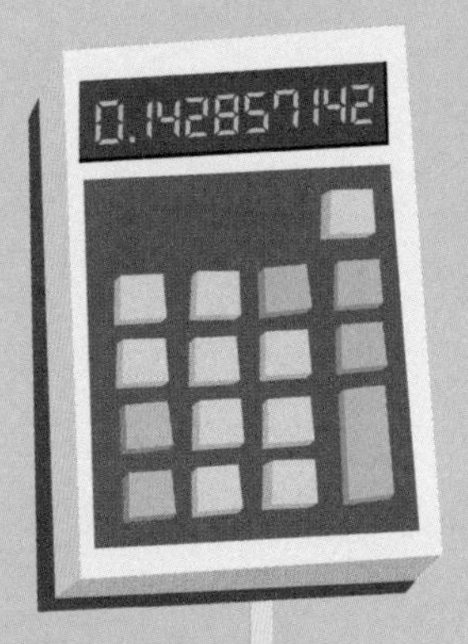
0.142857142

電子計算機

アメリカ陸軍のENIACは、プログラムできる、すべてが電子化された計算機で、部屋をうめつくすほど巨大だった。これが、世界で初めて公表されたコンピュータだ。でも、プログラムを格納（特定の場所にしまうってこと）して実行する、“本当に”実用的なコンピュータは、1949年にイギリスのケンブリッジ大学のチームによって開発されたEDSACが最初だった。専門家以外の人でも使えるようになり、現在使われているコンピュータへの第一歩になったんだよ。

1939〜1945年

1946年

1958年

1970年

マイクロチップ

アメリカの電子工学の専門家である、ジャック・キルビーとロバート・ノイスの2人は、それぞれ別々にマイクロチップ（集積回路）を考え出した。マイクロチップは、コンピュータの大きさを小さくし、値段を安くするのに役立っただけでなく、処理能力も高めることになったんだ。マイクロチップのおかげで、1970年代には家庭用のコンピュータが登場し始めたんだよ。

インターネット時代

相互に接続したコンピュータのワールドワイドウェブ（WWW）というシステムが誕生したとき、そのユーザー（利用者）が、コンピュータの情報の中から必要なものを検索（探し出すこと）できる必要があった。そのはたらきをする検索エンジンは、学生だったアメリカ人のアラン・エンタージュが開発した「Archie」が最初だった。現在では、インターネット上に20億以上のウェブサイトがあり、検索エンジンもたくさんあって、それぞれ独自の数式を使って検索方法を制御しているんだよ。

D:wave
D:wave

スーパーコンピュータ

スーパーコンピュータは、ふつうのパソコンなどよりはるかに処理能力が高いコンピュータだ。そのちがいは5億倍にもなる。スーパーコンピュータは、天気予報や暗号文の解読などの複雑な処理に使われている。処理能力を高めるには、クラウドコンピューティングという方法もある。これは、リンクされたたくさんのコンピュータがそれぞれのリソース（処理能力、メモリ、機器など）をおたがいが使えるようにして、1台のコンピュータだけではできない問題を解決する方法なんだよ。

1990年

1996年

現在

ねえ、知ってる？

「コンピュータ」とよばれた人たち

「コンピュータ」という言葉は、もともと、ペンと紙を使って数学の問題を解く人（計算手）を指すものだったんだ。計算手はたいてい女の人で、その仕事はNASA（アメリカ航空宇宙局）でも初期の宇宙飛行の成功にとても重要な役割を果たしたんだよ。

チェスのチャンピオン

コンピュータは知的能力がますます高くなっている。このような時代を象徴するできごとが起こったのは、コンピュータ技術の大きな会社であるIBMが「ディープ・ブルー」というコンピュータを、ロシアのチェスチャンピオン、ガルリ・カスパロフと対戦させたときだった。勝ったのは、ディープ・ブルーだった！　ディープ・ブルーは、チェスのコマの動き方を論理的に考え、相手の動きを予測し、1秒間に1億通りの可能性を判断することができたんだよ。

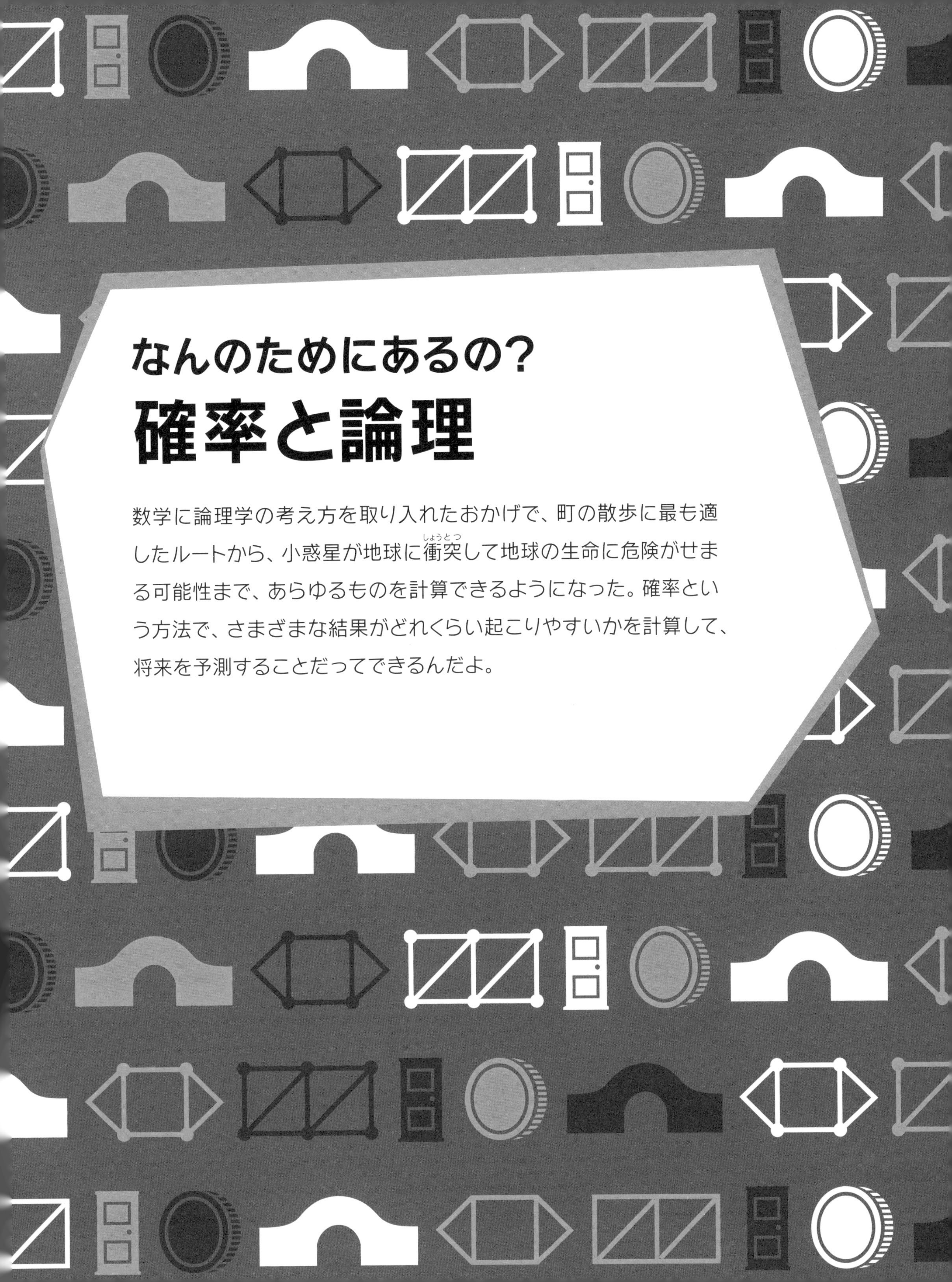

なんのためにあるの？

確率と論理

数学に論理学の考え方を取り入れたおかげで、町の散歩に最も適したルートから、小惑星が地球に衝突して地球の生命に危険がせまる可能性まで、あらゆるものを計算できるようになった。確率という方法で、さまざまな結果がどれくらい起こりやすいかを計算して、将来を予測することだってできるんだよ。

どうやって歩くルートを考えたの？

18世紀、ケーニヒスベルク（現在のロシアのカリーニングラード）という都市でのこと。地元の人たちの間で、どう考えてもわからない問題があった。それは、街の4つのエリアをつなぐ7本の橋をすべて1度だけわたって歩く、一筆書きの散歩ルートを見つけることだった。でも、だれも考えつかなかったんだ。スイスの数学者、レオンハルト・オイラーは、一筆書きで歩くこと自体、不可能だということに気がついた。この問題には最初から答えがなかったんだ。

1 ケーニヒスベルクには、街を2つに分けるようにプレーゲル川が流れていて、川の真ん中には2つの大きな中州（川の中にある島のこと）があった。そして、2つの中州と2つの川岸は7本の橋でたがいにつながっていた。

2 地元の人の間で、ある話題が議論されていた――すべての橋を一度だけわたって、一筆書きのように歩くことはできるか、と。でも、そんなルートを見つけた人はだれもいなかったし、見つからない理由を説明できる人もいなかった。

3 数学者のレオンハルト・オイラーは、この話を聞いたとき、数学で説明できることに気がついた。そして、都市の実際の配置をもっとかんたんな図（ある種のグラフ）に描きなおしたんだ。そうすることによって、すべての橋を１度だけわたって一筆書きのように歩くルートはないということを証明したんだよ。

もっと知ろう

4つのエリアと7本の橋

オイラーがこの橋の問題について考えたとき、すぐに、そのようなルートを見つけること自体、不可能だということに気づいた。どこから始めても、どこかの橋の1本を必ず2回わたることになってしまうんだ。オイラーは、この都市の街なみや細かい道すじがどのようであるかは重要ではないことに気がついた。考えなくてはならないのは、都市の4つのエリア（2つの中州と2つの川岸）とそれらをつなぐ7本の橋だけだった。

たとえば、ここから出発してみよう。

赤線のように橋をわたって歩いてみると、全部の橋をわたっていないことがわかる。

オイラー路

オイラーは、地図をグラフ（点や面や線で関係をかんたんに表した図）に描きなおした。まず、各エリアを（建物などは描かずに）単純な図形で表し、次に、それらの間に橋を表す線を書いた。そこでオイラーは、4つのエリアのすべてに、橋が奇数本つながっていることに気がついた。

一筆書きができない理由は……

3　5　3　3

それぞれの四角形は各エリアを表している。

それぞれの線は橋を表している。

各エリアには、そこにつながる橋の数が書かれている。

オイラーのグラフで、各エリアにつながる橋の数がすべて奇数だとわかる。

オイラーにはわかってきた──この問題に答えのルートがあるなら、ルートの出発点でも終点でもないエリアでは、橋をわたってきた人は、別の橋をわたって出ていくので、すべての橋が必ずペア（2つずつの組）になっている。だから、出発点でも終点でもないエリアには、橋が偶数本つながっているはずなんだ。そのかわり、出発点や終点になるエリアにつながる橋は奇数本でもいい。それは、ペアにならなかった1本が、ルートのはじめと終わりになるからだ。

一筆書きができるためには……

4　5　3　4

橋を1本増やすことで、つながり（線）の数が奇数のエリアは2つだけになる。

こうしてオイラーは、ケーニヒスベルクの街の橋をそれぞれ1度ずつわたって、一筆書きで歩くことはできないことを数学的に証明した。それは、橋が奇数本つながっているエリアが4つもあるからだったんだ。もし、どれか2つのエリアの間の橋が1本多かったら（または1本少なかったら）、橋が奇数本つながっているエリアは2つだけだったから、全部の橋を1度ずつわたる一筆書きのルートができていたんだね（このようなルートを今では「オイラー路」というよ）。

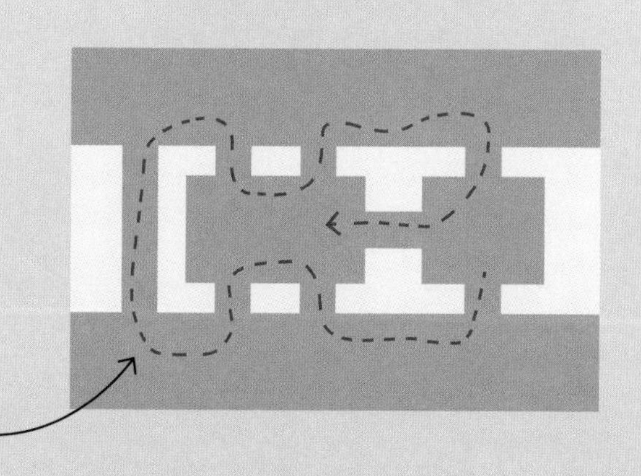

橋を1本増やせば、完ぺきな一筆書きのルートができるよ。

やってみよう
一番よいルートの見つけ方

配達員が、ある町の最も効率のよい配達ルートを見つけようとしているよ。それぞれの家を確実に全部まわるには、すべての道を通る必要がある。同じ道を2回通らないで町全体の配達を終えることはできるだろうか？（交差点内は何回入ってもいいんだよ）。

この町には4つの環状交差点があるよ。

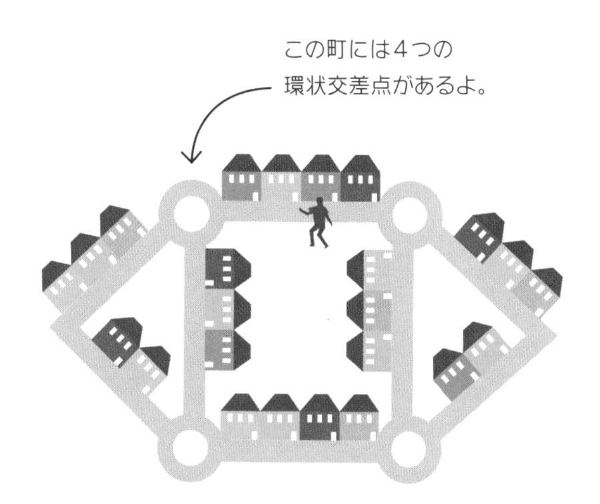

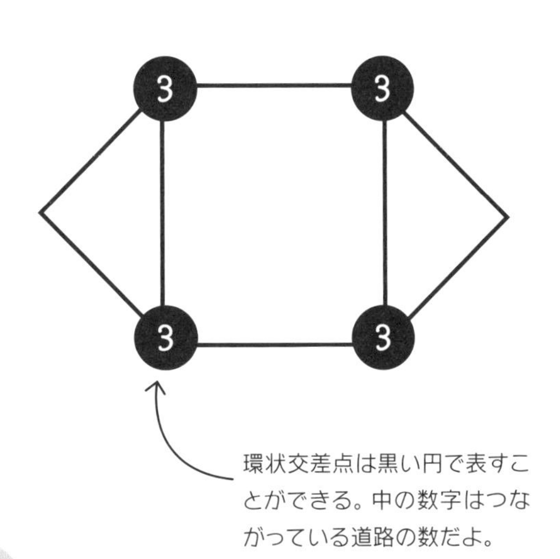
3
3
3
3

環状交差点は黒い円で表すことができる。中の数字はつながっている道路の数だよ。

ホントの話

ワールドワイドウェブ（WWW）

インターネットのワールドワイドウェブ（WWW）は、オイラーがケーニヒスベルクの地図をかんたんに表したような「グラフ」として考えることができる。つまり、ウェブページが「エリア」、ハイパーリンクが「橋」と同じってこと。でも、これはオイラーのグラフよりもはるかに複雑になる。ウェブページもハイパーリンクも数え切れないほどたくさんあるからね。しかも、それらの数はたえず増えているんだ。

それぞれの環状交差点（ドーナツ型の交差点）には3本の道路がつながっている。つながりが奇数の交差点が3つ以上あるので、配達員が同じ道路を2回通らずに町全体を移動することはできない。

オイラー路とはまたちがう話をするよ。
自分の家の近くで4つの地点（たとえば友だちの家など）を選んで、その間の道を線で表す図を描いて、4つの地点をまわる最も効率のよいルートを見つけてみよう。同じ道を2回通らずに、それぞれの地点を1度ずつ訪れるルートはあるかな（このようなルートを“ハミルトン路”というよ）。

できるかな？

これらの4つの図のうち、オイラー路が見つかるものがあるかな？　どこかの点からスタートし、鉛筆をページから離さずに、すべての線を1度だけ通って一筆書きできる図を見つけよう。
（答えはp.127にあるよ）

a)
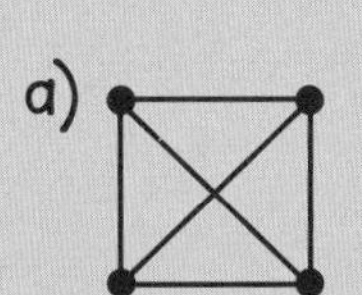

b)
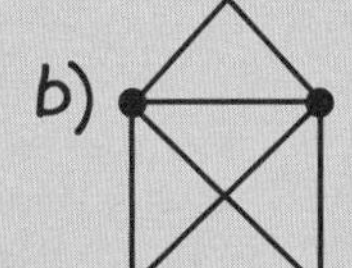

c)
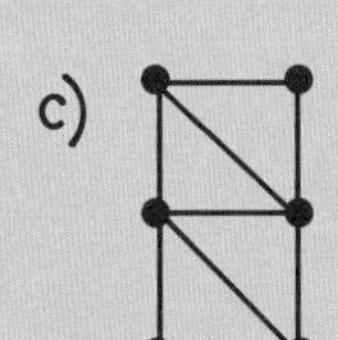

d)
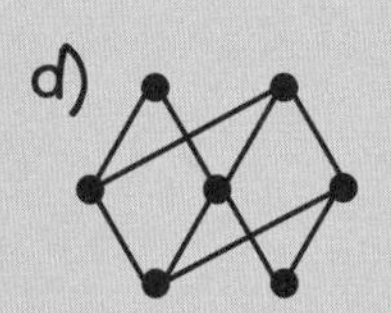

1 さあ、きみは運がいいよ！　テレビのゲーム番組の出場者に選ばれたんだ。すごい賞品が待っているよ。ルールはかんたんだ。ここに3つのドアがある。その中からドアを1つ選ぶだけで、その中にある賞品がもらえるんだ。

どうしたら賞品が当たりやすくなるの？

テレビのゲーム番組は、勝ち負けが運で決まることが多い。それでも、勝つチャンスを高める方法はあるのだろうか？　1970年代から、アメリカの有名なゲーム番組のゲームを題材にした問題があった。これに対して1990年に、天才といわれたマリリン・ボス・サバントが出した答えは、最初、人々からばかげていると思われた。でも、彼女は正しかった。勝つ見込みを高くするかぎは、確率（物事の起こりやすさ）についてよく理解することだったんだ。

2 ドアの１つには特別賞の真新しいスポーツカーが入っている。でも、そのほかの２つのドアの中に入っているのはヤギだ。ヤギももちろんいいけれど、今回、きみはスポーツカーを当てたいということにしよう。

3 さあ、ドアを選んでもらうよ。ドキドキさせるような音楽が流れて、スタジオの照明が暗くなり、お客さんが静まりかえる。きみにスポットライトが当たり、もう、どれを選ぶか迷っている時間はない。司会者がきみに答えをせまる……そして、きみは青色のドアを選んだ。

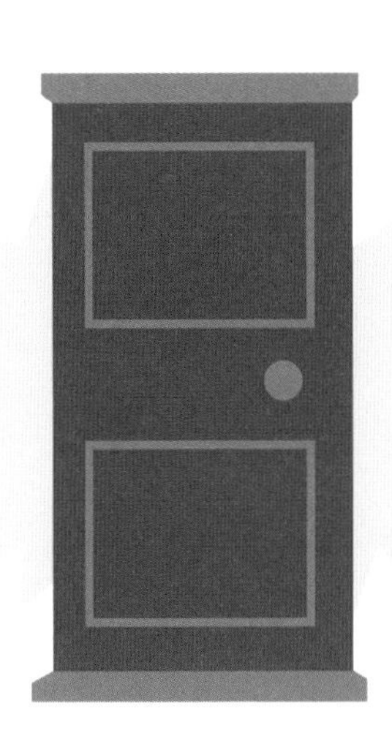

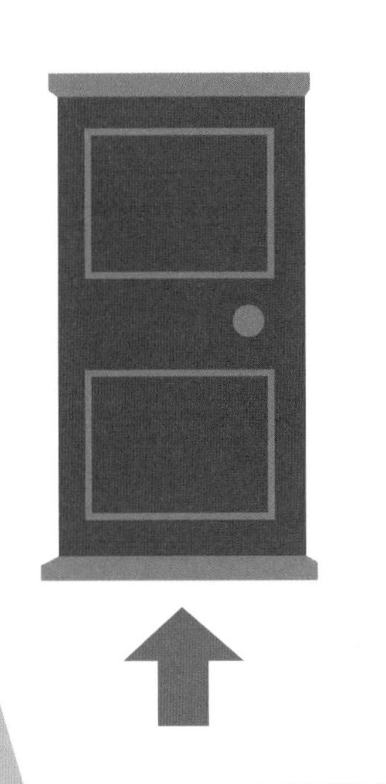

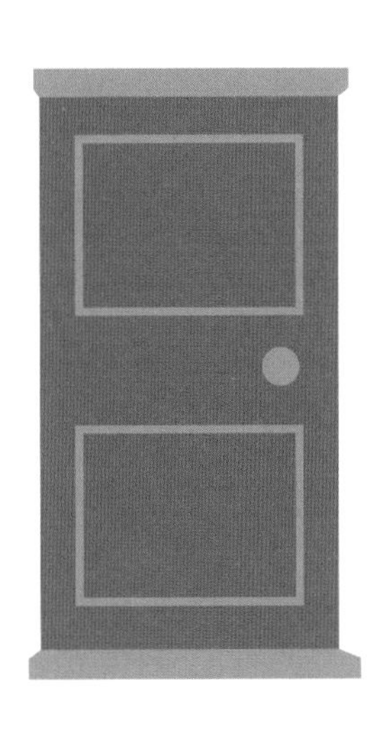

4 どのドアの中にスポーツカーが入っているかを知っている司会者は、番組を盛り上げるため、きみへのヒントとして緑色のドアを開けた。すると、ドアの中からヤギがメーメーと声をあげて出てきた。司会者は、それを見せてから、選ぶドアを「そのまま」にするか「変える」か、聞いてきた。つまり、最初にきみが選んだ青色のドアのままでもいいし、ピンク色のドアに選びなおしてもいいってことだ。きみならどうする？

モンティ・ホール問題

選択を「そのまま」にするのと「変える」のでは、どちらがよいかを考える、この頭の体操のような問題は「モンティ・ホール問題」とよばれている。これは、アメリカのゲーム番組『レッツ・メイク・ア・ディール』の最初の司会者モンティ・ホールにちなんで名づけられたんだ。このゲームでは、車が当たる確率は（3つのドアのうちの1つにあるから）もともと1／3のはずだ。

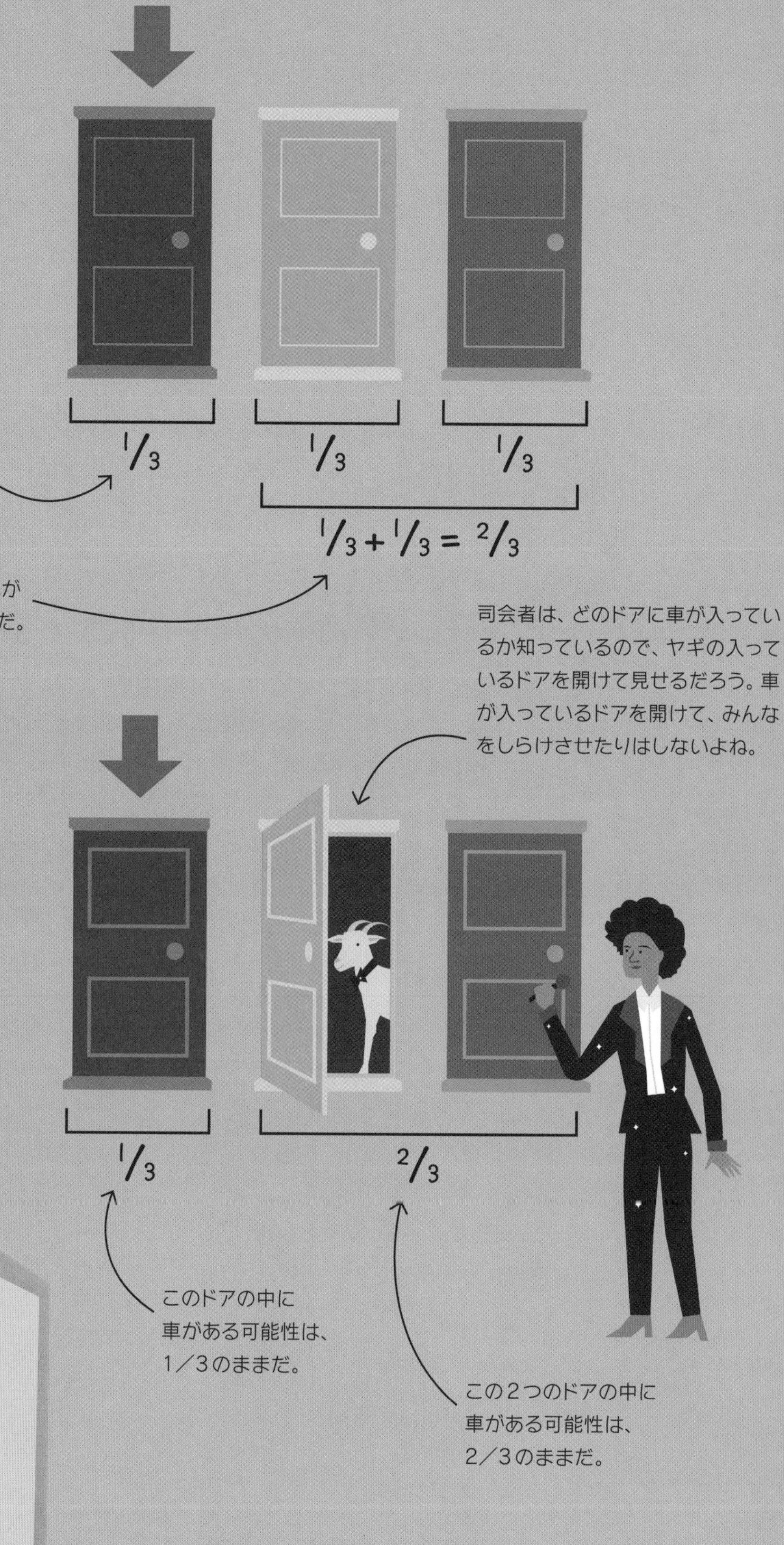

1/3
1/3
1/3
1/3 + 1/3 = 2/3
司会者が緑色のドアを開ける前、青色のドアの中に車が入っている可能性は1／3だ。
ほかの2つのドアの中に車が入っている可能性は2／3だ。
司会者は、どのドアに車が入っているか知っているので、ヤギの入っているドアを開けて見せるだろう。車が入っているドアを開けて、みんなをしらけさせたりはしないよね。
1/3
2/3
このドアの中に車がある可能性は、1／3のままだ。
この2つのドアの中に車がある可能性は、2／3のままだ。

司会者が緑色のドアの中にヤギがいるのを見せたあと、ドアの選択を「そのまま」にしても「変える」ことにしても、ちがいはないと思うかもしれない。車が当たるチャンスはどちらも1／2じゃないか、と。でも、もともとの当たる確率は変わるわけじゃない。最初に選んだドアの中に車がある可能性は1／3、ほかの2つのドアのどちらかにある（つまり、最初に選んだドアがヤギである）可能性は2／3だ。司会者がヤギのドアを1つ開くと、なにが変わるんだろう。

ねえ、知ってる？

ものすごく低い確率

トランプのカードを混ぜ合わせたとき、カードのならび方がまったく同じ順序だったことのある人は、まずいないだろう。ジョーカーをのぞいた52枚のカードのならび方は、80,658,175,170,943,878,571,660,636,856,403,766,975,289,505,440,883,277,824,000,000,000,000通りあるので、まったく同じならび方になる確率は、とてつもなく低いんだ。

選択を「そのまま」にするか「変える」か

司会者のヒントによって、緑のドアの中に車がある可能性は0になった。だから、選択しなかった2つのドアの中に車がある可能性の2／3は、ピンク色のドアに「集中」すると考えられる。つまり、車が当たるチャンスを最大にするには、選択を「変える」必要があるんだ。この勝負は、やるたびに勝つとはいえないけれど、ドアの選択を「変える」ことで、車が当たる確率が、はずれる確率の2倍になるんだよ。

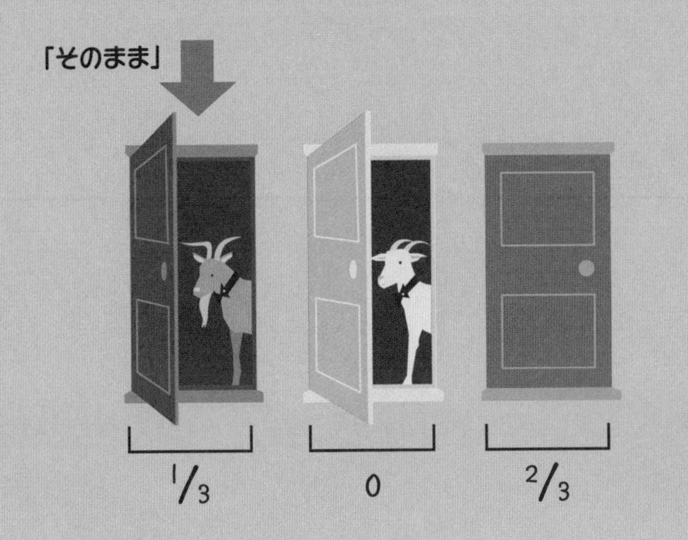
「そのまま」
1/3
0
2/3

今ではピンクのドアの中に車がある可能性は2／3になったと考えられるんだ。

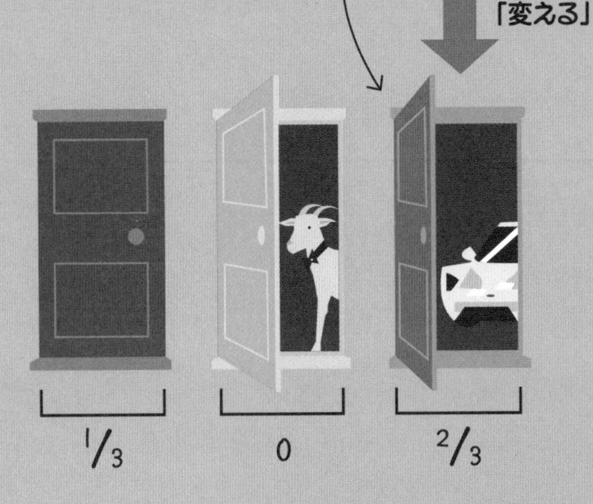
「変える」
1/3
0
2/3

やってみよう

確率の計算

きみの友だちが、2枚の「公正なコイン」（裏表のどちらが出る確率も、等しく1／2のコインのこと）を投げるよ。結果はきみにはわからないけれども、少なくとも1枚のコインは表が出たっていうんだ。

もう1枚のコインも表が出ている確率はいくつだろう？

答えは1／2じゃないんだよ！　これを確かめるために、2枚のコイントスの結果、起こる可能性のある組み合わせを全部書き出してみよう。この4通りは、もともとは、どれも同じくらい起こりやすい。

○－○（表－表）
○－●（表－裏）
●－○（裏－表）
●－●（裏－裏）

これまでの情報から、●－●はリストからのぞくことができる（「少なくとも1枚のコインは表が出た」わけだからね）。そうすると、可能性のある組み合わせは、○－○、○－●、●－○の3つになる。この3つの組み合わせのうちの1つは、もう1枚のコインも表で、残りの2つの組み合わせは、もう1枚のコインが裏だ。つまり、1枚が表だとわかっている場合、もう1枚も表になる確率は、実際には1／3なんだよ。

今度は、公正な6面のサイコロを2個、ころがしてみよう。そのうちの1つは「6」が出たよ。もう1つも「6」が出る確率はいくつかな？

（答えはp.127にあるよ）

ホントの話

小惑星の衝突

ある小惑星がこのまま地球に近づき過ぎると危険だと考えられるときは、科学者たちが、地球とその小惑星が衝突する確率を計算することになっている。幸運なことに、その確率は、ふつうはとても低いんだよ。

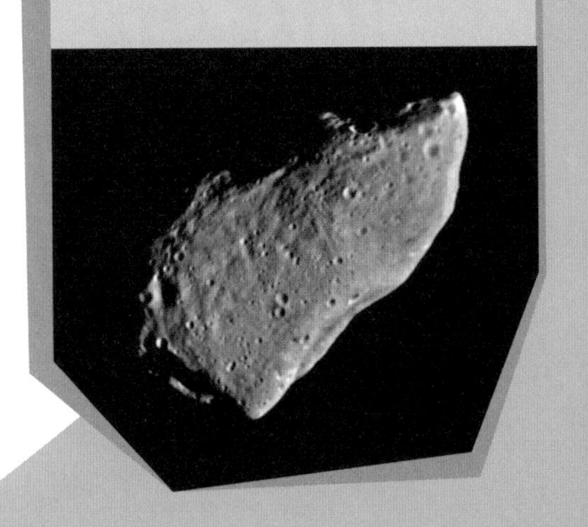

自分が有利になるには、どうしたらいいの？

ある外国で、泥棒をした疑いで２人の男がつかまった。取り調べまで、別の部屋に入れられたので、２人は盗みを自白する（罪を認める）か、自白しないか、相談できなかった。そして、１人ずつ取り調べを受けるとき、自白すれば刑が軽くなるともちかけられたんだ。「２人とも盗みを自白しなければ、人の家に入った罪でどちらも懲役３年だ。１人が自白し、もう１人がだまっていたら、自白したほうは懲役１年に減るが、自白しないほうは盗みの罪で懲役10年になる。２人とも自白した場合はそれぞれ懲役５年になるだろう」。それぞれにとって、自白するか、自白しないか、どちらが有利な結果になるんだろう？

1 ２人の男が泥棒をした疑いで逮捕された。警察は、２人が人の家にしのびこんだ証拠はつかんでいたけれど、お金を盗んだ証拠はなく、証明するには本人たちの自白が必要だった。
2 取り調べでどのように話すか、相談できないように、２人は別々の部屋に入れられ、取り調べも１人ずつおこなわれた。だから２人の男は、取り調べに対してもう１人がなにを言うか、知ることはできない。

容疑者A

容疑者B

3 盗みをした者は10年間刑務所に入ることになる。でも、もし、2人とも「お金を盗んだ」と自白すれば、2人とも刑は5年に減るだろうと言われた。

容疑者A
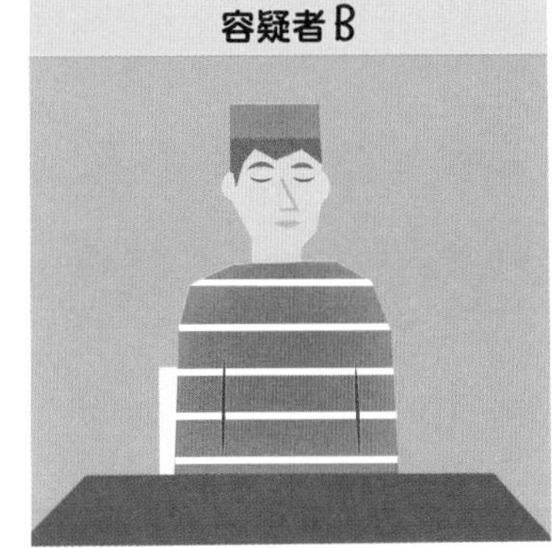
容疑者B

容疑者A

容疑者B

4 もし、容疑者Bがだまっていて、容疑者Aが自白すれば、容疑者Bは10年間刑務所に入ることになり、警察にそうさ協力した容疑者Aは、刑務所に1年いるだけになるだろうと言われた。反対に、容疑者Aがだまっていて、容疑者Bが自白した場合、結果はその逆になる。

容疑者A
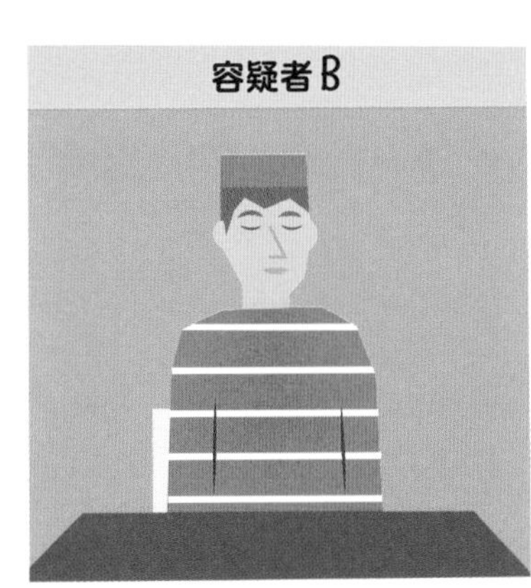
容疑者B

5 もし、お金を盗んだかどうかについて、2人ともなにも言わなければ、2人とも盗みの罪は証明できないため、人の家に勝手に入った罪で、刑務所に3年間入ることになる（盗みの罪よりも刑務所に入る期間は短い）。

利得表（利得行列）

きみが容疑者Aだったらどうだろう。取り調べで、容疑者Bがどうするかは、きみにはわからない。もし、自分の刑罰をできるかぎり短くしようと思うなら、きみはどうしたらいいんだろう？　こんなとき、利得表（利得行列）は、起こる可能性のあるすべての戦略を比べて検討し、状況を最もよくする方法を決めるのに役立つんだ。

もし、2人ともお金を盗んだことを自白すれば、2人とも盗みの罪になるけれど、刑務所に入る年数は5年に減らしてもらえるだろう。

もし、きみ（容疑者A）がなにも言わず、容疑者Bが自白すれば、容疑者Bはたった1年の刑になり、きみは10年の刑になるよ！――きみにとって、最悪の結果だ。

		容疑者A	
		自白する	だまっている
容疑者B	自白する	容疑者は2人とも5年の刑になる	容疑者Aは10年の刑になり、容疑者Bは1年の刑になる
	だまっている	容疑者Bは10年の刑になり、容疑者Aは1年の刑になる	容疑者は2人とも3年の刑になる

もし、2人ともだまっていれば、盗みの罪は成立しない。人の家に勝手に入った罪だけだからより短い刑で終わる――2人に共通の利益がある選択だ。でも、これは危険なかけだよ。相手が自白すれば、きみは最も長い10年の刑になるんだ！

きみ（容疑者A）が自白すれば、きみは1年の刑で済む可能性がある。そのかわり、だまっていた容疑者Bは10年の刑になる。でも、もし、容疑者Bも自白していたら、2人がだまっていた場合よりも長い5年の刑になるよ。

ゲーム理論

この頭の体操のような問題は「囚人のジレンマ」とよばれる、ゲーム理論の一つの例だ。数学を研究する人たちは、ゲーム理論という分野で、社会生活を「勝つ人と負ける人がいるゲーム」として考えているんだよ。ゲーム理論では、一人一人が戦略を使って、自分のために最もよい結果を得ようとするんだ。政府や会社などの組織は、ゲーム理論を使って、実際の生活で、人々がいくつかの可能性からどれを選ぶかを予測しようとしている。たとえば、会社なら、製品の価格をどう設定するか決めるときにゲーム理論が利用できるんだよ。さあ、利得表をよく見て考えよう。容疑者Aは、自白すべきか、それともだまっているべきか？　容疑者Bはどうか？　そして2人の選択は、2人にとって、本当に一番いい結果をもたらすだろうか？

やってみよう

レモネード売り

ある日、校門の外で、レモネード売りの屋台が2つ、張り合って商売をしていた。両方とも、レモネードを1杯100円で売ろうと決めていた。その日、その場所でレモネードを買った人は全部で40人いて、それぞれのお客さんの数は、屋台Aに20人、屋台Bに20人で同じ数だった。

もし、一方の屋台が値段を75円に下げたら、ライバルの屋台のお客さんも、全部自分の店のお客にすることができる。でも、レモネード1杯あたりの売り上げは少なくなってしまう。もし、両方の屋台が75円に値下げしてしまえば、結局、同じ値段になって、お客さんを50パーセントずつ分け合う、今の状況と変わりがないだろう。売れるレモネードの数は変わらないため、値下げした分、両方とも売り上げが減ってしまう。

屋台Aと屋台Bがどうしたら売り上げを最大にすることができるか、左のページのような「利得表（利得行列）」を書いて考えてみよう。

（答えはp.127にあるよ）

屋台A

屋台B

ホントの話

吸血コウモリ

メスのナミチスイコウモリ（動物の血をエサにする吸血コウモリ）は、共通の利益のために、協力して生活している。夜、血を吸ったコウモリは、えものを見つけることができなかった仲間のコウモリに、血の一部を分けてあげるんだ。自分の食料を減らしても、仲間の利益になること（利他行動）をする理由は、自分が夜の食事にありつけなかったとき、今度は仲間から血をもらうからなんだ。吸血コウモリは夜の食事を2回続けてのがすと死ぬので、この種が絶滅しないようにするためには、この協力の精神が役に立っているんだ。

歴史はどうやってつくられたの？

計算機を使ったり、時間を知ったりすることから、道案内をしてもらったり、インターネットを利用したりすることまで、数学や数学がかかわる発明は、日常生活に欠かせない要素になっている。それらは、人間の長い歴史を通して存在してきた、数学を研究する、数え切れないほどたくさんの人たちのおかげなんだ。この年表の人たちは、建築や物理学から航法や宇宙探査まで、あらゆる分野で役に立つ、数学によって人類の知見を発展させた数学者のほんの一部だよ。

ヒュパティア

ヒュパティアから学ぼうと、あちこちの学者たちが、はるばるエジプトのアレクサンドリアまでやってきた。数学者で天文学者でもある、ヒュパティアは、古代の数学の書物をわかりやすく書きなおしたんだよ。

350～415年ころ

劉徽

劉徽は、古代中国の有名な数学者の一人で、円周率の計算、面積や体積の計算方法、三角法などについて書物に書き残した。この研究は、建築や地図の作成の分野を発展させるのに役立ったんだよ。

3世紀

アル=フワーリズミー

「代数学の父」として知られる、アル=フワーリズミーは、バグダッド（現代のイラクの都市）に住み、そこで研究していた。そして、『約分と消約の計算の書』という、最も古い代数学の本の一つを書いたんだ。また、インド・アラビア数字を広める役割も果たしたんだよ（p.22、p.34も見てね）。

780～850年

フィボナッチ

イタリアの数学者、フィボナッチが、北アフリカで知った数字の「0」をヨーロッパに紹介した。でも、フィボナッチといえば、今では「フィボナッチ数列」として知られている、特定の数列を説明したことで最もよく知られている。これは、それぞれの数（項）が、その前にならんだ２つの数の合計になっているような数列なんだ（p.22も見てね）。

1170～1240年

ピタゴラス

最初の数学者といわれることが多い、ピタゴラスは、古代ギリシアに住んでいた。そして、世の中のあらゆるものごとは数学で説明できると考えていたんだ。ライアー（リラともいう、古代ギリシアのたて琴）のすばらしい演奏者でもあり、このハープのような弦楽器のしくみも数学を使って説明したんだよ。

ユークリッド

ユークリッドは古代ギリシアの数学者で、図形や平面・空間について成り立つさまざまな数学の法則をはっきり記述し、証明したんだ。このような数学の分野は、のちに幾何学といわれるようになった。ユークリッドは「幾何学の父」とよばれているよ(p.38も見てね)。

紀元前570～495年ころ

紀元前4世紀ころ

アルキメデス

古代ギリシアの発明家だったアルキメデスは、たとえば、巨大なカタパルト（大きな石を遠くに投げる武器）など、それまでにないような機械を設計するために数学の原理を使った。また、お風呂に入ったとき、風呂おけからあふれ出た水の量と、水につかった自分の体の体積がつりあっていることに気づき、これをきっかけに「アルキメデスの原理」を発見したといわれているんだよ。

紀元前288～212年ころ

サンガマグラーマのマーダヴァ

インド生まれのマーダヴァがおこなった研究の大部分は残っていない。でも、ほかの人たちがその研究について書物に書いていることから、マーダヴァが人より先に道を切り開いた数学者だったことがわかっている。マーダヴァは、インドで、天文学と数学を研究するケーララ学派という学者のグループを始めた人でもある。

レオナルド・ダ・ヴィンチ

ダ・ヴィンチは、イタリアの芸術家であり、数学者でもあった。その絵はものすごく正確で、単に目で見て描くのではなく、計算と幾何学の規則を使って、遠近法と比率を計算していたんだよ。

1340～1425年ころ

1452～1519年

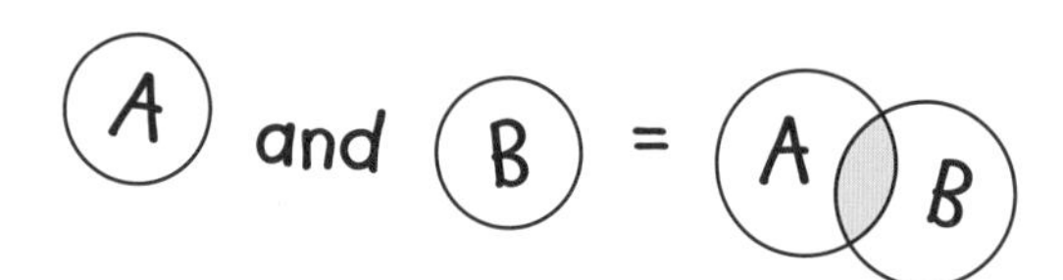
A
and
B
=
A
B

ジョージ・ブール

イギリスの数学者のジョージ・ブールは、複雑な考えを単純な方程式として書くことをめざして、数学を哲学の一つである「論理学」に応用した。これは、ブール代数とよばれる分野で、人工知能への第一歩になったんだよ。

1815〜1864年

ジェームズ・クラーク・マクスウェル

スコットランド出身のジェームズ・クラーク・マクスウェルは、数学の手法を使って、科学的な疑問に対する答えを研究したり、説明したりした。そして、マクスウェルが電磁波の存在を発見したおかげで、のちにラジオやテレビや携帯電話の発明ができるようになったんだ。

1831〜1879年

エイダ・ラブレス

イギリス人のオーガスタ・エイダ・ラブレスは、世界で最初のコンピュータのプログラマーだ。チャールズ・バベッジの「解析機関」に関する論文を訳しただけでなく、それに、本質をつかんだ注釈（説明や付け足し）を自分で加えて、その機械の幅広い可能性を説明したんだ（p.7、p.103も見てね）。

1815〜1852年

ソフィー・ジェルマン

フランスのソフィー・ジェルマンは、女の人だという理由で、当時は大学に通うことができなかった。そこで、男の人の名前を使って、ほかの数学者たちと連らくを取り合っていた。そして「フェルマーの最終定理」として知られている、難しい問題を部分的に証明した。この問題の名前は、1665年に亡くなる前に「解決した」と書き残したフランス人のピエール・ド・フェルマーに由来している。けれども、フェルマーは、その証明方法について説明していなかったんだ。

1776〜1831年

ピエール・ド・フェルマー

フランスの法律家、ピエール・ド・フェルマーは、仕事の合間に数学を研究していた。そして、ブレーズ・パスカルと共同で確率論を考え出したり、一人で曲線の最高点と最低点を見つける方法を発見したりした。この方法は、のちにアイザック・ニュートンが微分積分学（連続変化の研究）を発明したときに使われたんだよ。

1607〜1665年

ブレーズ・パスカル

フランス人のパスカルは、ピエール・ド・フェルマーと共同で確率論に取り組んだほか、射影幾何学など、いくつかの数学の分野の創始につながることを考えた。また、税金を徴収する仕事をしていた父親を助けるため、最初の機械式計算機を発明したんだよ（p.103も見てね）。

1623〜1662年

ゴッドフレイ・ハロルド・ハーディ

イギリスの数学者、ゴッドフレイ・ハロルド・ハーディは、科学、工学、ビジネスのような別の分野で数学を応用しようとするのではなく、数学そのものを研究した。それでも、ハーディの研究のなかには、遺伝子についての発見に役立つものもあったんだよ。

1877～1947年

=
∂
y
b
+
a
+
x

エミー・ネーター

ドイツ生まれのエミー・ネーターの研究は、現代物理学の基礎となった。同じくドイツ生まれの物理学者アルバート・アインシュタインの研究に、数学を使って修正を加え、その理論の問題を解決する手助けをしたんだ。ネーターの研究は、数学の新しい研究分野である「抽象代数学」を生み出した。

1882～1935年

マリア・ガエターナ・アニェージ

イタリア生まれのマリア・ガエターナ・アニェージは、世界で初めて大学の数学の教授に任命された女の人だ。その大学はボローニャ大学だった。アニェージは数学のすぐれた教科書を書いたことでも知られている。

1718～1799年

エミリー・デュ・シャトレ

エミリー・デュ・シャトレは、フランスで自分の家族の社会的地位が高いことを利用して数学を勉強した。教科書を買うのも自分のお金の一部を使っていた。そして、数学に関する本を書いただけでなく、役に立つ注釈（説明や付け足し）を自分でつけながら、アイザック・ニュートンの本をフランス語に訳したんだよ。

1706～1749年

アイザック・ニュートン

イギリスの数学者、アイザック・ニュートンは、微分積分学とよばれる新しいタイプの数学を生み出した。これによって、より難しい数学の問題に取り組むことができるようになったんだ。また、数学の手法を利用して惑星の動きや音の速さも研究した。重力を数学を使って説明したことでも有名だよ。

1642～1727年

ゴットフリート・ライプニッツ

ドイツ人のゴットフリート・ライプニッツは、微分積分法を最初に発表した人なんだ。微分積分の発明はアイザック・ニュートンとされているけれど、現在の数学では「ライプニッツの記法」が使われている。また、2進法（1と0だけで表す記数法）も開発した。これは、のちに現代のあらゆるコンピュータの基礎となったんだ。

1646～1716年

シュリニヴァーサ・ラマヌジャン

ラマヌジャンは、だれにも教わらず一人で数学を研究していたインドの天才だった。そして、驚くような理論をぎっしりと手紙に書いて、大学の数学の教授たちに送ったところ、イギリスのゴッドフレイ・ハロルド・ハーディ教授だけが、ラマヌジャンの才能を認めたんだ。そして、ケンブリッジ大学に招待され、一緒に研究することになった。ハーディの指導のもとで、ラマヌジャンは何千もの難しい理論を証明した。その研究は、コンピュータのアルゴリズム（問題解決の手順を表したもの）の速度を向上させるのにも役立ったんだよ。

1887～1920年

ジョン・フォン・ノイマン

ハンガリー生まれのジョン・フォン・ノイマンは、数学を使ってゲームや複雑な状況で最もよい戦略を見つける方法を発明した。これが「ゲーム理論」だ。ノイマンは、アメリカに移ってから、原子ばくだんの開発計画を進めるうえで重要な役割を果たした。また、数学にコンピュータを使うのはよいことだと主張した。ノイマンの研究は、数学のためのプログラミングを大きく向上させたんだ。

1903～1957年

キャサリン・ジョンソン

アメリカでは、キャサリン・ジョンソンがNASAで宇宙飛行士を月面に立たせるために必要な計算をおこなった。そして、その後、宇宙飛行士を安全に地球にもどすことなどについて研究報告書を共同で発表した（報告書に女の人の名前がのったのは初めてだったんだよ）。

1918～2020年

ブノワ・マンデルブロ

ポーランド生まれのブノワ・マンデルブロは、「破片」という意味のラテン語から「フラクタル」という用語をつくった。そして、雲や海岸線の形のように、無秩序のように見えるけれども、どんなに小さな一部分を切り取っても、全体と同じような形になっている構造を「フラクタル」とよんだんだ。このような形を数学的な理論で示したのが「フラクタル幾何学」だよ。

1924～2010年

アンドリュー・ワイルズ

イギリスの数学者、アンドリュー・ワイルズは、小さいときから「フェルマーの最終定理」に興味をもち続けていた。そして、7年間その研究だけにのめり込んだすえ、完全な証明に成功し、358年間解決できなかった数学の課題を解決したんだ。

1953年～

グレース・ホッパー

グレース・ホッパーは、大学の講師を務めたあと、米海軍に入隊し、海軍准将(じゅんしょう)という高い位にまでなった女の人だ。そして、コンピュータのユーザー（使う人）が使いやすいプログラミング言語「COBOL」（コボル）を考え出した。これによって、コンピュータ・サイエンスの分野を発展させ、数学を研究する人でなくても、コンピュータのプログラミングができるようにしたんだ。

1906～1992年

アラン・チューリング

イギリスの数学者、アラン・チューリングは、理論上のコンピュータ、「チューリング・マシン」を提示(ていじ)し、それを用いてコンピュータができる「計算」はどのようなものかを研究した。また、第二次世界大戦中は暗号解読のためにはたらいた（p.54、p.82、p.104も見てね）。

1912～1954年

エドワード・ローレンツ

ブラジルの1匹のチョウの羽ばたきはテキサスでたつまきを引き起こすか？――アメリカの気象学者、エドワード・ローレンツはこう問いかけた。「カオス」とよばれる現象では、はじまったばかりのわずかな差が、はじめのうちは、次にどうなるか予測できるような小さな変化が、時がたつにつれ、予測できないような大きな変化になる。それをたとえて、ローレンツはこう言ったんだ。

1917～2008年

ポール・エルデシュ

変わり者のハンガリーの数学者、ポール・エルデシュは、生活に必要なものをスーツケース1つにつめ込み、世界中を旅して、ほかの数学者といっしょに研究し、それを終えたらまた移動する生活を50年間続けた。亡くなるまでに、幅広い数学の分野に関する論文をものすごくたくさん発表したことで知られ、なかでも素数に熱心に取り組んだ。

1913～1996年

マリアム・ミルザハニ

イラン人のマリアム・ミルザハニは、中学校のとき、ある先生から「数学の才能がない」と言われた。でも、ミルザハニはそれが大まちがいだったことを証明してみせたんだ。ミルザハニの研究の成果は、数学分野へのこうけんで高く評価され、2014年に“数学のノーベル賞”ともよばれるフィールズ賞を与えられた。これは、女の人では初めてのことだった。ミルザハニは、おもに曲がった空間に関する数学の分野に取り組んだんだよ。

1977～2017年

岩尾エマはるか

2019年の「円周率の日」（3月14日）に、Google（グーグル）社の日本人技術者の岩尾エマはるかが、世界新記録となる、31兆桁まで正確に計算した。岩尾は、Googleのクラウドシステムによって仮想的にリンクされた25台のコンピュータで、121日間で合計170テラバイトというものすごい量のデータを扱ってこの計算をしたんだよ（p.55も見てね）。

1984年～

用語集

アラビア数字
数を表すときに使われる0から9までの10種類の符号。

暗号学
暗号をつくったり、解読したりすることにかかわる研究分野。

緯度
赤道からどれくらい北に（または南に）離れているかを90°までの角度で表したもの。赤道の緯度は0°で、北極点は北緯90°、南極点は南緯90°だ。

円周率
どんな円でも、円周の長さを直径で割った値は同じになる。この値を円周率という。円周率は、ギリシア文字の「π」（パイ）で表す。

角
2つの直線、2つの平面、または直線と平面が交わることによってできる形。ある方向から別の方向への回転量とも考えられる。角の大きさ（角度）は「度（°）」という単位で表される。

確率
なにかが起こる可能性を数値で表したもの。

幾何学
図形や空間の性質を研究する数学の分野。

グラフ
関連する2つ以上のものの数値や測定値などの関係を、点や線や面を使って、目で見てわかりやすく表した図。

公差
等差数列で、それぞれの数（項）からとなりの数にうつるときに、増える（または減る）一定の量。

公式
数学の記号で書いた、数学の法則。

公比
等比数列で、それぞれの数（項）からとなりの数にうつるときに、かける一定の量。つまり、それぞれの項が変化する一定の比率。

コード
単語やフレーズごとに、前もって決められた文字や数字や記号に置きかえて、もとの文章の意味をかくすタイプの暗号。

コンピュータ
計算をおこなって、データを保存するための電子機器。この電子機器ができる前は「計算手（計算担当の人）」を指す言葉だった。

コンピューティング
コンピュータを使って計算をすること。

最頻値
すべてのデータの中で、最も多く登場する値。

サイファ
文章の一つ一つの文字を、前もって決められた別の文字や数字や記号に置きかえて、もとの文章の意味をかくすタイプの暗号。

座標
格子のような座標平面（または座標空間）で点、線、または図形の位置を表す、または、地図上のなにかの位置を表す数の組。

3次元
高さと幅と深さがある物体を表現するときに使われる言葉。

軸
点や図形の位置を測るために使われる、横の線（x軸）・たての線（y軸）を「座標軸」という。またこれとは別に、鏡映対称や回転対称の中心となる直線を「対称軸」という。

指数
累乗（同じ数をくり返しかけ算したもの）を表すとき、かけ合わせる数字の右上に小さく書かれる数。かけ合わせる数を何個かけるか、その個数を表している。

小数
小数は「小数点」とよばれる点を使って表される。小数点のすぐ右の数は10分の1、その右は100分の1……になっている。たとえば、分数の1／4は小数で表すと0.25になり、これは1が0個、10分の1（0.1）が2個、100分の1（0.01）が5個でできているという意味だ。

証明
あることが正しいと示すためにおこなう数学の説明。

処理能力
コンピュータが演算することのできる速さ。コンピュータの処理能力が高ければ高いほど、一定の時間内にできる計算の量が多くなる。

数列
一列にならんだ数の列。たとえば2、4、6、8、10……という数列は「2の倍数」（2ずつ増える）という決まりにしたがっている。

整数
0と1、2、3、4、5……のこと。

素数
1とその数でしか割り切れる数がない正の整数。たとえば、一番小さい素数から10個あげれ ば、2、3、5、7、11、13、17、19、23、29になる。

対称性
鏡に映したり回転させたりしても全体の形が変わらない場合、その図形は「対称性がある」という。鏡映対称（線対称や面対称）、回転対称についてはp.40～41を見てね。

代数
わからない数のかわりに文字や記号を使って、計算をしたり、方程式を解いたりする数学の分野。

代表値
データの特徴を表す値、あるいは、データの分布の中心的な位置にある値。代表値には3つの種類がある。「平均値」、「中央値」、「最頻値」を見てみよう。

中央値
すべてのデータを最も小さい値から最も大きい値まで順番にならべたとき、真ん中にくる値。

直角
ちょうど90°の角度。

データ
集められ、分析される情報。

等差数列
数値がいつも同じ量ずつ増える（または減る）数の列。言いかえれば、となりにならぶ数が共通の差（公差）をもつ数の列。

等式
2＋2＝4のように、2つの数や式が等しいことを等号（＝）で示したもの。

等比数列
それぞれの数に共通の比率（公比）をかけることによって増えていく（または減っていく）数の列。

2次元
高さと幅だけがある物体を表現するときに使われる言葉。

2進法
数字の0と1だけで構成される記数法。コンピュータなどのデジタル機器は、データを特定の場所にしまったり、処理したりするのを2進法方式でおこなっている。

百分率
全体を100としたときの一部の割合。単位はパーセントで、記号「%」で表す。

標本
調査の対象となるグループ全体のデータ（母集団）の中の一部分。母集団を調べるために取り出して調べられる。

比率
2つの数値どうしの関係を、1つがもう1つの数値よりも何倍大きい、または何倍小さいという割合で表したもの。

分数
全体の量や数を同じ大きさにa個に分ける（a等分する）場合、そのうち取り上げたい部分の数がbのとき、b／aで表す数。あるいは、0ではない整数aで整数bを割った結果をb／aと表したもの。

平均値
すべてのデータの値をたして、そのデータの数で割ることによって求められる代表値。

平行
2本の直線は、同じ平面上にあり、どこまでのばしても交わらないとき、平行であるという。平行な2本の直線どうしの距離はどこで測っても同じだよ。

見積もり
正しい答えに近い答えを見つけること。数をある位で切り上げたり切り捨てたりして求めることが多い。

無限
限りがないこと。たとえば、無限大（限りなく大きい）は、実際にあるどんな数よりも大きい数のようにイメージできるけれども、数ではない。だからその値もない。

割合
全体に対して、ある部分が占める分量。

問題の答え

p.13「できるかな?」
上から38、25、16

p.27「やってみよう」
146℃と262℉

p.30「できるかな?」
3200円

p.35「できるかな?」
9個

p.63「やってみよう」
宝物は(6, 4)の位置にうめられているよ

p.67「もっと知ろう」
この数列で123の次の数は142

p.69「やってみよう」
a＝12、d＝2、n＝15なので、12＋（15－1）×2＝40(席)

p.72「国王のチェス盤」64番目の数字の読み方
922京3372兆368億5477万5808

p.73「累乗と指数」20番目の数字
$1 \times 2^{(20-1)} = 1 \times 2^{19} =$ 524,288

p.73「やってみよう」
$2 \times 3^{(15-1)} = 2 \times 3^{14} =$ 9,565,938(枚)

p.75「できるかな?」
31×19=589

p.79「できるかな?」
暗号文の文字をアルファベット順で3つ前の文字に置きかえると、平文になおるよ：we are not alone（わたしたちはひとりぼっちじゃない）

p.93「やってみよう」
中央値は152cmで、最頻値は155cm。このような場合、一番適しているのは「平均値」、一番適していないのは「最頻値(モード)」だ。

p.97「やってみよう」
2番目の標本では、取り出した青色のビーズ（4個）と取り出したビーズの総数（50個）の比率は4：50で、これはもっとかんたんにすると1：12.5.になる。40（1番目の標本のビーズの数）に12.5をかけることによって、ビンの中のビーズの総数は500個と推定できるよ。

p.111「できるかな?」
一筆書きができるのは、bとcの図だ。出発点と終点は、つながる線の数が奇数になっている点だよ。

p.115「やってみよう」
1つのサイコロの目が「6」のときの2つのサイコロの目の組み合わせは次の11通りある。1-6、2-6、3-6、4-6、5-6、6-6、6-5、6-4、6-3、6-2、6-1。したがって、もう1つのサイコロも「6」になる確率は、1／11だ。

p.119「やってみよう」

		屋台A	
		1杯100円のままにする	1杯75円に値下げする
屋台B	1杯100円のままにする	どちらの屋台もレモネードを20杯ずつ売って、売り上げはどちらも2000円だ。2つの屋台の売り上げの総額は4000円になる――全体からみれば、これがベストだ。	屋台Aがお客をひとりじめして、レモネードを40杯売り、3000円の売り上げになる。屋台Bは売り上げが0円になる。
	1杯75円に値下げする	屋台Bがお客をひとりじめして、レモネードを40杯売り、3000円の売り上げになる。屋台Aは売り上げが0円になる。	どちらの屋台もレモネードを20杯ずつ売り、売り上げはどちらも1500円だ。2つの屋台の売り上げの総額は3000円になる――どちらも値下げしなかったときより、損してしまったね。

さくいん

ACKNOWLEDGMENTS

The publisher would like to thank the following people for their assistance in the preparation of this book:

Niki Foreman for additional writing; Kelsie Besaw for editorial assistance; Gus Scott for additional illustrations; Nimesh Agrawal for picture research; Picture Research Manager Taiyaba Khatoon; Pankaj Sharmer for cutouts and retouches; Helen Peters for indexing; Victoria Pyke for proofreading.

The publisher would like to thank the following for their kind permission to reproduce their photographs:

(Key: a-above; b-below/bottom; c-centre; f-far; l-left; r-right; t-top)

13 **Royal Belgian Institute of Natural Sciences:** (br). 18 **Alamy Stock Photo:** Dudley Wood (crb). 27 **Getty Images:** Walter Bibikow / DigitalVision (br). 31 **Getty Images:** Julian Finney / Getty Images Sport (bc). 45 **Alamy Stock Photo:** Nipiphon Na Chiangmai (ca). 62 **Getty Images:** Katie Deits / Photolibrary (crb). 82 **Alamy Stock Photo:** INTERFOTO (br). 83 **Science Photo Library:** (br). 89 **Alamy Stock Photo:** Directphoto Collection (cb). 93 **Alamy Stock Photo:** Jo Fairey (cb). 96 **123RF.com:** Daniel Lamborn (br). 111 **Dreamstime.com:** Akodisinghe (cra). 115 **NASA:** NASA /JPL (crb). 119 **Avalon:** Stephen Dalton (cb).

All other images © Dorling Kindersley

For further information see: www.dkimages.com